从零 / 开始
学理财

杨婧 / 主编

吉林文史出版社
JILINWENSHICHUBANSHE

钱是挣出来的，不是省出来的。但是现在最专业的观念是：钱是挣出来的，更是理出来的。当代投资之神沃伦·巴菲特说过："一生能够积累多少财富，并不取决于你能够赚多少钱，而取决于你如何投资理财。钱找钱胜过人找钱，要懂得让钱为你工作，而不是你为钱工作。"人们现在都更加重视理财，面对买房、教育、医疗、保险、税务、遗产等未来众多的不确定性，人们的理财需求进一步增长。无论你是在求学的成长期、初入社会的青年期、成家立业期、子女成长的中年期，还是退休老年期，都需要建立健康的理财观念和掌握正确的投资理财方法。

实际生活中，几乎每个人都有一个发财梦。但为什么有时候明明际遇相同，结果却有了贫富之分？为什么大家都站在相同的起点，都拼搏了大半辈子，竟会产生如此截然不同的人生结果呢？其实，根本差异在于是否理财，尤其是理财的早晚。理财投资一定要先行。这就像两个比赛竞走的人，在起跑线前提早出发的，就可以在比赛中轻松保持领先的优势等待后面的人来追赶。所以，理财要趁早。正所谓：你不理财，财不理你；你若理财，财可生财。早一天理财，早一天受益。

如果你正在为是否要开始理财而犹豫，那么这本书适合你：每个人都拥有潜在的能量，只是很容易被习惯所掩盖，被时间所迷离，被惰性所消磨。如果你已为人父母，那么这本书适合你：合理的教育金规划影响孩子的一生，你不应该只是父母，更应是帮助孩子成功的贵人。如果你不想在年老体衰的时候养不活自己，那么这本书适合你：即刻开始制订养老规划，相信若干年后的你，会感谢今天的自己。那时，越老越富有就不是一张空头支票，而是你舒适、富足、充满乐趣的退休生活的有力保障！

从今天开始，让我们每一个人树立起正确的投资理财观念，并且掌握科学的、正确的方法，积极地投入到丰富多彩的理财活动中去，通过努力告别拮据的生活，从此过上富裕的生活。

目 录
CONTENTS

第一章

从 700 元到 400 万元，距离并不遥远

为什么有些人善于创造财富

20/80 定律告诉我们，20％的富人掌握了 80％的财富，富人能在一生中积累如此巨大的财富的奥秘究竟是什么？答案是科学理财。

尽管如今有更多的人已认识到理财的重要意义，越来越多的人加入理财者的大军，但是仍然有不少贫穷者。其原因在于，虽然有越来越多的人参与了理财，却很少有人思考怎样提高自己的财商，仅仅是单纯地为理财而理财，或者盲目地跟在别人后面瞎"理"。结果，投入了时间、精力和金钱，却没有得到多少回报，甚至越理钱越少。

当然，富有的理财者并不是在买理财工具，而是在创造属于他们自己的理财市场。排名世界前 100 位的富人都拥有自己的企业，每个企业都是一个完善的资金循环与再生系统。财富的最终源泉是企业，只有企业才是每个理财者的最终对象。投资股票，就是投资企业，投资共同基金，也是投资企业，即使是投资房地产，也仍然是在投资企

1

投资理财让你的人生富起来

　　人生能够积累多少财富，不取决于能够赚多少钱，而取决于如何科学地投资理财，概括来说，投资理财对人生的重大作用有以下三个方面：

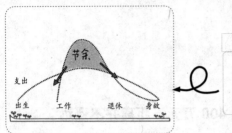

平衡一生中的收支差距

　　人的一生中大约只有一半的时间有赚取收入的能力。理财规划就是确保在不能工作时，仍有比较富裕的生活。

过更好的生活，提高生活品质

　　每个人都希望过好日子，通过理财规划，可以让自己的财富增值，从而让自己过上更好的生活。

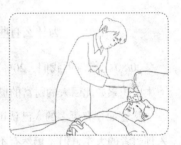

抵御不测风险和灾害

　　通过科学的投资规划，合理地安排收支，做到在遭遇不测与灾害时，有足够的财力支持。

　　总之，通过理财规划，你可以让自己的人生更从容，更优雅，远离老年窘迫，顺利渡过人生不测，让你的人生更加和美，生活更加富有。

业。所以，要成为理财高手必须对企业经营了如指掌。

富人们的投资理财经历和经验告诉我们，最佳的理财方式是让你的公司为你投资，以个人名义进行投资是不明智的，其获得的收益也是十分有限的，风险也是相当高的。但是普通投资人很少去主动了解企业的经营，很多人都以个人名义进行投资，要实现财务自由，其难度是令人无法想象的。

一般理财者都是先找一份稳定的工作，然后把生活基本开支之外的闲钱用于理财，也就是说，他们是用工作去创造财富。在资本的原始积累阶段，这种方式尚且可行，但如果你不能为改变这种方式而做出努力和牺牲，那么你就永远成不了一个真正的富人。要记住，富人不仅在金钱方面富有，而且还在时间方面很富有。而穷人，不仅钱比较少，时间方面也十分"贫穷"。

富人能够拥有很多财富，是由于他们能够把自己的创造力变成财富。这个世界上很多人有一些很好的创意，然而只有极少一部分有创意的人变富了，这是因为很少有人会用一个运行良好的企业把创意变成财富。仅仅是有一个很好的创意，的确可以卖一点点钱，但它绝不能给你带来巨大的财富。

美国人查理斯·卡尔森调查了170位美国的百万富翁，总结出成为百万富翁的八个行动步骤：

第一步，现在就开始投资。现实生活中六成以上的人连成为百万富翁的第一步都没迈出。

第二步，制定目标。不论任何目标，要有计划、坚定不移地去完成。

第三步，把钱用于买股票或基金上。

第四步，不要眼高手低，选择绩优股而不是高风险股。

第五步，每月固定投资，使投资成为习惯。

第六步，坚持就是胜利。调查显示，3/4 的百万富翁买一种股票至少持有 5 年以上，将近四成的百万富翁买一种股票至少持有 8 年以上。

第七步，把国税局当成投资伙伴，合理利用税收政策筹划自己的投资。

第八步，控制财务风险。富翁大多过着很平凡的生活，固定、稳定性是他们的特色。

所以说，你要想成为百万富翁，就要做好投资理财的必要准备。

理财圣经 >>>>>>>>

"富翁"的身份，不是天生就拥有的，对于极大一部分富翁来说，他们是靠自己的聪明、智慧来获得高额钱财的，科学地理财即是他们获得财富的主要手段之一。如果你也想创造财富，不仅要加入理财的大军，还要掌握好方法、运用好智慧，这样你也可以成为百万富翁。

同样挣钱，你的钱都到哪里去了

小刘大学毕业后，在北京找了一份每月薪水只有 3000 元微薄收入的工作，他发现这点可怜的工资竟然连付一间像样点的房子的租金都不够。他用 1500 块钱租了三居室中的一间，这在当时看来已经是很奢侈的了，就这样，他开始了在北京的生活。可是 5 年后的今天，他通过财富积累，贷款买了一套一居室，并且准备工作几年再积攒点儿钱后买辆二手车。

而他的同学小李，大学毕业之后进入国企工作，基本月薪约5000元。每月支付电话费、学习费外还要买衣服、休闲等，工作了几年，不仅没有存款，反而负债累累。

为什么同是毕业几年，他们的差别会这么大？因为在这几年时间里，小刘通过自己的努力，学会了如何理财，如何从现有的工资里不断地累积财富。所以，他的资产没有流失，而且增值的速度一年比一年快。而小李，由于没有理财，他的资产在无意识中悄悄地溜走了。

财富的积累是一个过程，在这个过程中，如果你不细心经营，精心打理，几年以后，回报给你的也只能是巨额的负债。

看到"资产流失"这几个字眼，人们首先想到的是国有资产的流失。其实，在生活中，一不小心，你自己的资产也会不知不觉地流失。理财专家提醒你，在财富时代，及时堵上造成你资产流失的漏洞吧，不要让它们再拖后腿了！通常，资产流失的主要领域是以下几个方面：

一、豪华住宅背后的沉重负担

很多人可能都有这样的经历：你在自己的小屋里向外眺望城市中丛林般的华厦，然后发出一声感叹：怎么没有一间房子是我的？其实，买房子的人大部分也是在贷款，豪华住宅的背后，有的家庭不但投入了全部积蓄，而且还背上了债务，大部分家底都变成了钢筋水泥的不动产，导致家庭缺少投资的本钱，错失投资时机。

二、储蓄流失增值机会

储蓄本来是中国人使自己的资产保值、增值最普遍的手段，怎么会成为中国家庭资产流失的主要领域呢？这主要体现在以下两个方面：

（1）"过度"储蓄。善于储蓄是美德，但是一旦"过度"也将误入歧途。做个简单的测算，中国人的 8 万亿元储蓄存款，如果相对于同期的国债之间 1% 左右的息差（考虑到存款的利息税和国债的免税因素），那么中国人放弃了每年资本增值 800 亿元左右的潜在获利机会。其实，对大多数人来说，防止这类流失的方法很简单，只需将银行储蓄转为同期的各类债券就行了。目前不仅有交易所市场，还有银行柜台市场，都可以很方便地完成这类交易，而且流动性也很强。

（2）"不当"储蓄。一样的存款要获得不一样的收益，存款的技巧很重要。有的家庭由于缺乏储蓄存款的知识，不懂得存款的技巧，使存款利息收入大为减少。比如：如果你想存活期或定活两便，那还不如存定期 3 个月，并约定自动转存。这种存法安全方便，利息又高。因为定活两便存款支取时，利率按定期一年内同档期限打六折计算。这样，定活两便存款即使存够一年，按一年利率打六折也低于定期 3 个月。

三、过度和不当消费

"过度"与"不当"的消费也会让你的资产流失。所以，花钱买的东西究竟是不是必需的，一定要想清楚。

四、理财观念薄弱

目前，有些人对于理财还未树立正确的观念，也不注意各种细微的节约。例如，使用信用卡时造成透支，且又不能及时还清，结果必须支付高于存款利息十几倍的循环利息，日积月累下来，债务只会如雪球般越滚越大。资产的流失在很多时候都是隐性的，对钱财一定要善于监控管理，节约不必要的支出，不断地强化理财观，让资金稳定成长，才不会在不知不觉中失去积蓄钱财、脱贫致富的好机会！

理财圣经

资产流失很多时候都不容易察觉，但只要稍一放松就可能造成严重的损失。所以，不断地强化理财意识才能成功积累财富。

早出晚归，为什么还是囊中羞涩

在我们身边，存在这样一个群体，他们每周工作 6 天甚至更多，并且有时连续工作 10 小时以上，当"朝九晚五"的人们进入甜蜜梦乡的时候，他们可能才关掉开了一天的电脑，披星戴月地走在回家的路上。他们很多已步入了而立之年，可是，天天早出晚归的他们口袋并不富裕，依然囊中羞涩。这是为什么呢？

有句话说得好："30 岁前拿命赚钱，30 岁后拿钱赚钱。"对于天天早出晚归的上班一族来说，他们更愿意当花钱不太动脑筋的"月光族"，甚至是"透支族"。所以，到了 30 多岁后，他们依然会囊中羞涩。其实，这跟他们是否理财有很大的关系。也许有的人只挣几百元钱，可是通过合理的安排与打理，不仅餐桌上能够有荤有素，而且家里水、电、煤气费用，孩子的上学费用等都安排得井井有条；而有些人虽然能挣上几千元，却经常被银行的账单"逼债"，弄得手忙脚乱，狼狈不堪。

小李，34 岁，在杭州一家会计师事务所工作。她就是持"今朝有酒今朝醉"想法的人。在她看来,平时工作太辛苦,根本没时间去研究股票、期货来做投资,有时间也是自己忙里偷闲,不愿再费脑力。

谈到理财计划时,小李无可奈何地表示,自己过去在原公司做会计时,还有时间炒炒股,但自从跳槽到事务所后,根本没那么多精力去打理自己的收入。反正到现在为止,她赚的钱还是所剩无几。

如今,社会上出现了一个新颖的词汇,反映出了类似小李的生活现状,这个词汇就是:穷忙族。

"穷忙族",即"working poor",该词源于欧美国家,欧盟给出的定义是"工作忙却入不敷出,甚至沦落到贫穷线以下的受雇者"。《中国青年报》调查中心的一项调查显示:75%的人自认是"穷忙族"。有人这样描述"穷忙族":"比月光族更穷,比劳模更忙""越穷越忙,越忙越穷"。"我总是努力工作着,但是为什么总是得到的很少",常常成为这些"穷忙族"的困惑。"最近比较忙"是很多"穷忙族"的口头禅,忙着工作,忙着赚钱,忙着学习,忙着消费……"忙"字成了很多人心中的关键词。当然,也是无数人工作和生活的写照。虽然"忙"字代表了人们的生活状态,但它代表不了人们的生活质量,因为只靠忙并不能直接为我们带来满意的结果。可能我们每天工作远远超过8小时,甚至两餐都在公司吃盒饭,一天下来,筋疲力尽,可是,到头来我们还是穷人。看到一些平时看起来很清闲的人却每天开着自己的奔驰、宝马,疾驰于城市之间,我们迷茫了,难道这个世界真的不公平了?勤奋没有用吗?

一个人很忙却穷的原因大致说来有两个:

两类"穷忙族"如何摆脱"穷忙"状态

"月光"型"穷忙族"

忙忙活活一个月，月月都是花光光！

赚钱不多，又不会理财，赚的钱基本上每个月都花光。

如何摆脱"穷忙"状态

1.学习理财，比如从记账开始

2.积极给自己"充电"，提升收入水平

高收入"穷忙族"

忙啊，忙啊！

收入不低，每天很忙，但是，工资卡上存款却不多的人群，也被称为拿着高薪的穷人。

如何摆脱"穷忙"状态

1.先节流再理财，适当减少不必要的高消费

2.做出强制性的存款规划，比如，每月必须存入收入的五分之一等

（1）工作内容过于具体。作为富人的比尔·盖茨，靠着挖掘DOS操作系统这座金矿，坐上了全球财富榜的第一把交椅，但DOS的发明者并不是他，他只是一个经营者。一个富人要做的并不是很具体的事情，他就像个高级厨师，把油、盐、酱、醋恰到好处地调配起来，一炒一烹，味道就出来了。

（2）努力的方向出现了偏差。一只小小的苍蝇，用尽短暂生命中的全部力量，渴望从玻璃窗飞出去。它拼命挣扎也无济于事，努力没有给它带来逃生的希望，反而成了它的陷阱。但就在房间的另一侧，大门敞开着，它只要花 1/10 的力气，就可以轻松地飞出去。

如果我们仅仅凭借自己的勤奋去挣钱，而不去深入思考如何打理这些钱，是非常得不偿失的事情，因为所有的努力很有可能功亏一篑。

所以，要让自己摆脱"穷忙族"，我们就该先停下忙碌，思考自己选择的路是否正确，看看自己是否把重心放在了如何理财、如何让钱生钱上，而非一味地花钱。只有找准努力的方向，分出一点时间在钱财的管理上，一边工作，一边理财，才有可能让自己的工资最大化地表现为"钱生钱"，这样才可能脱离"穷忙族"越忙越穷的怪圈。

理财圣经　　　　　　　　　　　　　　　>>>>>>>>

现在的社会仅有勤奋是不够的。许多人每天都辛苦工作着，只为赚更多的钱，过自己想要的优质生活，但常常不如愿。如果每天只是瞎忙，换来的只能是干瘪的钱包和日渐苍老的容颜，所以，我们若想忙得有钱，就不要做"穷忙族"，而应分出一些精力用来理财。

理财晚 7 年，相差一辈子

理财一定要先行。就像两个参加等距离竞走的人，提早出发的，就可以轻松散步，留待后出发的人辛苦追赶，这就是提早理财的好处。

我们假设下例中的李先生在 26 岁并没有停止投资，而是继续每月投资 500 元，那么到了 60 岁，他积累的财富将是约 316 万元，几乎是张先生的两倍。

但在投资过程中，人们往往会发现，坚持一个长期的投资计划相当不容易——市场下跌的时候，叹声一片，害怕亏欠的心理往往会让人们改变长期投资的计划；而如果市场飙升，往往就会导致大家为了追求更多的收益而承担过高的风险。追涨杀跌成为人们不可克服的人性弱点，极少有人能够逾越。

波段操作并不容易，长期持有才是简易而有效的投资策略。我们假设在 1991 年至 2005 年间的任意一年年初投资 A 股，持有满 1 年，按上证指数收益率计算，投资收益为负的概率为 47%；持有满 3 年，投资收益为负的概率为 38%；持有满 6 年，投资收益为负的概率降到 10%；而只要持有满 9 年，投资收益为负的概率降为零，这样至少可以保证不赔。

所以，长期投资计划也要从长计议，忌"选时""追新"。市场不好的时候，就像开长途车遇到交通堵塞，看到路边骑自行车的人呼啸而过，虽然会有抱怨，但我们绝对不会因为羡慕自行车的灵便而把轿车卖掉，改买自行车继续旅程。

理财其实很简单，每一个想与财富结缘的人，迟早都要走上理财之路，既然是迟早的事，那为何不早一步呢？不要说现在没有钱，不要说你没有时间、没有经验。按照以下三个步骤走，你就可以成为理财高手。

一、攒钱

挣一个花两个，一辈子都是穷人。一个月强制拿出 10% 的钱存在银行或保险公司里，很多人说做不到。那么如果你的公司经营不好，老总要削减开支，给你两个选择，第一是把你开除，补偿两个月工资，第二是把你 5000 元的工资降到 4500 元，你能接受哪个方案？99% 的人会选择第二个方案。那么你给自己做个强制储蓄，发下钱后直接将 10% 的钱存入银行或保险公司，不迈出这一步，你就永远没有钱花。

二、生钱

相比较而言，三个步骤当中就这一步还有点儿"技术含量"，而贫与富的差距也就在这里。世上原本就没有不劳而获的事情，要想舒舒服服地过上有钱人的日子，多动动脑子，学点儿理财知识还是值得的。

三、护钱

天有不测风云，谁也不知道会出什么事，所以要给自己买保险，保险是理财的重要手段，但不是全部。生钱就像打一口井，为你的水库注入源源不断的水源，但是光打井还不够，还要为水库修道提坝，以防意外事故、大病等不测之灾把你的财富卷走。比如坐飞机，一个月如果有时需要坐 10 次飞机，每次飞机降落的时候有的人会双手合十，并不是信什么东西，只是他觉得自己的生命又重新被自己掌握了，因为在天上不知道会发生什么。所以建议每次坐飞机给自己买保

投资要趁早

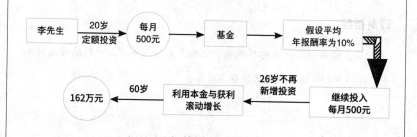

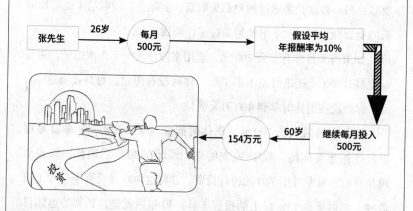

　　由此可见，投资要趁早，只有当投资遇上时间这个魔法师，财富才会变得超乎你的想象。

50 万 ~ 200 万元的意外险，这是给家人的爱心和责任。

换个思路想想致富这件事，不要再把理财当作一个计划，尽快把它化为行动吧！

理财圣经 >>>>>>>>

财富的多少与理财的早晚有很大的关系。正所谓，早起的鸟儿有虫吃。理财开始得越早，越容易积累财富。

每月投资 700 元，退休拿到 400 万元

一个家庭，增加财富有两种途径：一种途径是通过努力工作储蓄财富；另一种途径是通过理财积聚财富。实际上，理财给家庭增加财富的重要性，远远大于单纯地通过工作赚钱。

如果每个月你有节余 700 元，能用来做什么？下几次馆子，买几双皮鞋，700 元就花得差不多了吧。你有没有想过，每月投资这 700 元，你就能在退休时拿到 400 万元呢！

为什么每月投资 700 元，退休时能拿到 400 万元呢？那就是理财发挥的重要作用。现年 30 岁的你，预计在 30 年后退休，假若从现在开始，每个月用 700 元进行投资，并将这 700 元投资于一种（或数种）年回报率 15% 以上的投资工具，30 年后就能达到你的退休目标——400 万元。

这就是利用了复利的价值。复利投资是迈向富人之路的"垫脚石"。有句俗语叫"人两脚，钱四脚"，意思是钱有 4 只脚，钱追钱，比人追钱快多了。

虽然对于"复利效应",数据中永远的"15%"是很难实现的,但是"钱生钱"所产生的财富会远远高于我们的预计,这就是金钱的"时间效应"。忽略了这个效应,我们就浪费了财富增值的机会。不明白这个道理,我们就只会在羡慕别人的财富越来越多的同时,看着自己和对方的差距越来越大。

举个例子来说吧。假设你今年20岁,那么你可以有以下选择。

20岁时,每个月投入100元用作投资,60岁时(假设每年有10%的投资回报),你会拥有63万元。

30岁时,每个月投入100元用作投资,60岁时(假设每年有10%的投资回报),你会拥有20万元。

40岁时,每个月投入100元用作投资,60岁时(假设每年有10%的投资回报),你会拥有7.5万元。

50岁时,每个月投入100元用作投资,60岁时(假设每年有10%的投资回报),你会拥有2万元。

也许有人会提出疑问,这么大的差距是怎么产生的呢?很简单,就是上面的数据中所体现出来的——差距是时间带来的。经济学家称这种现象为"复利效应"。【复利,就是复合利息,它是指每年的收益还可以产生收益,即俗称的"利滚利",而投资的最大魅力就在于复利的增长。】如果你每个月定期将100元固定地投资于某个基金(定期定额计划),那么,在基金年平均收益率达到15%的情况下,坚持35年后,您所获得的投资收益绝对额就将达到147万元。

过去,银行的"零存整取"曾经是普通百姓最青睐的一种储蓄方式。每个月定期去银行把自己工资的一部分存起来,过上几年会发现自己已经小有积蓄。如今,零存整取收益率太低,渐渐失去了吸

复利投资，让钱生钱的理财方法

复利，就是复合利息，它是指每年的收益还可以产生收益，即俗称的"利滚利"。而投资的最大魅力就在于复利的增长。

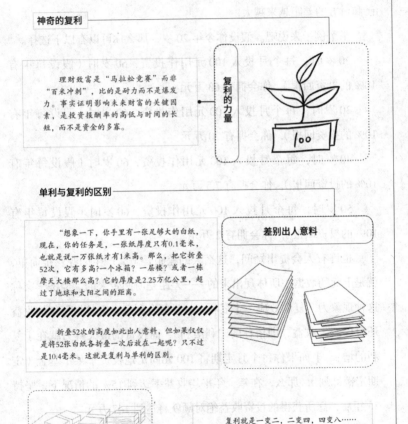

神奇的复利

理财致富是"马拉松竞赛"而非"百米冲刺"，比的是耐力而不是爆发力。事实证明影响未来财富的关键因素，是投资报酬率的高低与时间的长短，而不是资金的多寡。

复利的力量

单利与复利的区别

"想象一下，你手里有一张足够大的白纸，现在，你的任务是，一张纸厚度只有0.1毫米，也就是说一万张纸才有1米高。那么，把它折叠52次，它有多高？一个冰箱？一层楼？或者一栋摩天大楼那么高？它的厚度是2.25万亿公里，超过了地球和太阳之间的距离。

折叠52次的高度如此出人意料，但如果仅仅是将52张白纸各折叠一次后放在一起呢？只不过是10.4毫米。这就是复利与单利的区别。

差别出人意料

复利就是一变二，二变四，四变八……这种复合的利息滚动，能让财富在时间的见证下，产生奇迹。

引力，但是，如果我们把每个月去储蓄一笔钱的习惯换成投资一笔钱呢？结果会发生惊人的改变！这是什么缘故？

由于资金的时间价值以及复利的作用，投资金额的累积效应非常明显。每月的一笔小额投资，积少成多，小钱也能变大钱。很少有人能够意识到，习惯的影响力竟如此之大，一个好的习惯，会带给你意想不到的惊喜，甚至会改变你的一生。

更何况，定期投资回避了入场时点的选择，对于大多数无法精确掌握入场时点的投资者而言，是一项既简单而又有效的中长期投资方法。

理财圣经

>>>>>>>>

如果你乐于理财，并能够长期坚持，每月投资 700 元，退休拿到 400 万元绝对不是梦想。通过理财积累财富，贵在坚持。

第二章

理财，先要理观念

有财不理，财就离你越来越远了

许多年轻人刚刚走上工作岗位，每月都拿着固定的薪水，看着自己工资卡里的数字一天天涨起来，他们开始尽情地消费。在消费的时候他们从来不觉得花掉的是钱，总感觉是在花一种货币符号。他们似乎并不是很担心没钱的问题，认为这个月花完了，下个月再挣，面包总会有的。直到有一天他们囊中羞涩，想拿信用卡刷卡时售货员告诉他们："这张卡透支额度满了。"这时，他们才惊慌起来，开始奇怪："每个月的薪水也不少，都跑到哪儿去了？"是啊，那些钱财都跑到哪里去了呢？怎么不理你了呢？实际上，你自己都不去理财，不对你的钱财负责任，有钱的时候就挥霍，没钱了还能怨谁呢？所以如果我们想让钱财主动找我们，主动留在我们的腰包里，首先要明确一个观点：赚钱虽重要，但是理财更是不可或缺的。只会赚钱不会理财，到头来还是一个"穷人"。你不去理财，也别想着让财来理你。

李小伟是在北京工作的一个白领，现在的月薪是9000元，除去租房的开支，每月还能剩下不到7000元，可他每到月底还是要向朋友借钱。究其原因，原来，李小伟只会努力工作，努力挣钱，以为这样自己就可以富起来，从来没有考虑过如何理财。晚上熬夜看电影、上网，第二天起不来又怕迟到扣奖金，只好打车上班。不喜欢吃公司的食堂，一到中午就出去吃快餐，平均比食堂贵出将近10元钱。而周末又是聚餐、健身、喝酒，玩得不亦乐乎。每个月都如此，他从来没有理财的概念，也正是因为这样，工作两年了，他还没有任何积蓄。钱财好像和他有仇似的，从来不曾找过他。

而同样生活在北京的叶子，每月只能挣4500元，不过与别人合租了一个郊区的平房，扣除房租800元外，还结余3700元。可是她不但不用向别人借钱过日子，每月还能剩余1500元。原来，她的作息很有规律，每天也不会到外面吃饭，而是自己买菜做饭。平常为了省下坐地铁的钱，她每天都起很早赶公交，周末大多数时候都待在家里看书、看电视。虽然她也爱买衣服，但都是去服装批发市场和商贩讨价还价。这样每月的消费就很少，结余就相对多了。时间长了，看见存折上的数字不断上涨，叶子的心里美滋滋的。

从上面的故事我们可以看出：很多像李小伟一样的人挣的钱虽然不少，可不会理财，花得更多，这样钱财还是离他远远的。不注重理财、不善于理财，钱财也不会去理你，所以你就要过拮据的生活。而像叶子虽然挣得很少，可是精打细算还是会有结余。不过我们还不能说叶子就是一个理财高手，因为我们还不知道她会把结余的钱用在哪儿。

看来，想让财去理你，你就必须学会理财。要知道，理财可以改

"月光族"必看的理财妙招

发了工资先存1000元。

第一招：理财从攒钱开始

股票　债券

储蓄

第二招：根据风险承受能力，构建适合自己的投资组合

算了吧，还是不看了，家里有类似的衣服了，不用再买了。

第三招：理性消费，省钱就是赚钱

信用卡让我花钱时没感觉，还钱时很伤心啊。

第四招：如果不是确有所需，还是尽量不用或者少用信用卡善你的生活品质。

理财圣经

如果我们想生活得更加富足和舒适，想让财富自己找上门来跟着我们，并对我们不离不弃，就一定要学会主动理财。如果有财不理，财富会离我们越来越远。

<h2 style="text-align:center">相信自己，你也可以成为投资专家</h2>

有一种说法是：在目前非常危险的市场环境中，小投资人根本没有成功的机会，所以要么退出市场，要么求助于专业投资人。

然而事实是，在投资中，专业投资人并不像人们想象的那样聪明，业余投资人也不像人们想象的那样愚笨，只有当业余投资人一味盲目听信于专业投资人时，他们在投资上才会变得十分愚蠢。事实上，业余投资人本身有很多内在的优势，如果充分加以利用，那么他们的投资业绩会比投资专家更出色，也会超过市场的平均业绩水平。

在英格兰地区流传着一个消防员投资股票的著名故事：

在20世纪50年代，一位消防员注意到当地一家叫作Tambrands的生产女性卫生用品的工厂（后来这家公司更名为Tampax），其业务正在以极快的速度扩张。这种情况让他想到，除非是这家工厂业务非常兴旺，否则怎么也不可能如此快速地扩张。基于这样一种推理，他和家人一起投资了2000美元购买了一些Tambrands的股票，不仅如此，在随后的5年里他们每年又拿出2000美元继续购买该公司的股票，到了 1972 年，这个消防员已经变成了一位百万富翁。

不能确定这位幸运的消防员是否曾向经纪人或者其他投资专家寻求过投资建议，不过可以肯定的是有很多投资专家会对他说，他投资于 Tambrands 公司的这种逻辑推理存在缺陷，如果他明智的话就应该选择那些机构投资人正在购买的蓝筹股，或者是购买当时非常流行的电子类热门股票，令人庆幸的是这位消防员始终坚持自己的想法。

很多投资人认为自己没有专业素养，想要依靠自己在投资领域赚钱难上加难，实际上生活中有许多人不懂股票、房地产，依然能够投资致富。成功地利用理财致富者，大多不是专业投资人，专业投资人未必能够以投资致富。

投资根本就不复杂，它之所以会被认为多么深奥复杂，非得依赖专家才行，是因为投资人不知如何应付不确定的投资环境，误将简单的问题复杂化，无法自己冷静地做决策，总是想听听他人的意见。

由于不懂如何面对不确定的投资环境，误以为必须具有未卜先知的能力，或是要有高深的分析判断能力才能做好投资，许多人便习惯性地把投资决策托付给专家。

然而，如同彼得·林奇所说："5 万个专业投资人也许都是错的。"如果专业投资人真的知道何时股价会开始上涨，或是哪一只股票一定可以买的话，他早就已经有钱到不必靠当分析师或专家来谋生了。因此，以专家的意见主宰你的投资决策是非常危险的，投资到头来还是要靠自己。

事实上，业余投资人自身有很多优势，如果充分地加以利用，他们的投资业绩丝毫不比投资专家逊色，诚如彼得·林奇所说："动用你3%的智力，你会比专家更出色。"依据他的观点，当你根据自己的分析判断来选股时，你本来就已经比专家做得更出色，不然的话，你把你的资金买入基金交给那些专业投资人就行了，何必费那么大劲儿？自己选股却只能得到很低的回报，这样不是自找麻烦吗？

一旦决定依靠自己进行投资时，你应该努力独立思考。这意味着你只根据自己的研究分析进行投资决策，而不要理会什么热门消息，不要听证券公司的股票推荐，也不要看你最喜爱的投资通讯上那些"千万不要错过的大黑马"之类的最新投资建议，这也意味着即使你听说彼得·林奇或者其他权威人士正在购买什么股票也根本不要理会。

为什么不要理会彼得·林奇正在购买什么股票？至少有以下两个很好的理由：

（1）他有可能是错的，即使他的选择是正确的，你也不可能知道什么时候他对一只股票的看法会突然改变而将其卖出。

（2）你本身已经拥有了更好的信息来源，并且这些信息就在你的身边。你之所以能够比投资权威人士获得更好的信息，是因为你能够时时追踪记录你身边的信息。如果你平时在自己工作的场所或者附近的购物中心时能够保持一半的警觉，就可以从中发现表现出众的优秀公司，而且你的发现要远远早于那些投资专家。任何一位随身携带信用卡的消费者，实际上在平时频繁的消费活动中已经对数十家公司进行了大量的基本面分析。你日常生活的环境正是你寻找"10倍股"的最佳地方。

理财圣经

>>>>>>>>

投资理财到头来还是要靠自己，所以投资人应想办法充实投资智慧，让自己也成为专家。事实上投资并不需要太多专业知识，只要能够身体力行，不靠专家也可以致富。拥有正确的投资观，你可能比专家赚得更多。

棘轮效应：你的理财习惯价值百万

商朝时，纣王登位之初，天下人都认为在这位精明的国君的治理下，商朝的江山一定会坚如磐石。

一天，纣王命人用象牙做了一双筷子，十分高兴地使用这双象牙筷子就餐。他的叔父箕子见了，劝他收藏起来，而纣王却满不在乎，满朝文武大臣也不以为然，认为这本来是一件很平常的小事。

箕子为此忧心忡忡，有的大臣问他原因，箕子回答说："纣王用象牙做筷子，必定再不会用土制的瓦罐盛汤装饭，肯定要改用犀牛角做成的杯子和美玉制成的饭碗。有了象牙筷、犀牛角杯和美玉碗，难道还会用它来吃粗茶淡饭和豆子煮的汤吗？大王的餐桌从此顿顿都要摆上美酒佳肴、山珍海味了。吃的是奇珍异品，难道还会穿粗布麻衣吗？当然不会，大王以后自然要穿绫罗绸缎了。以此类推，大王同样也要住在富丽堂皇、歌舞升平的宫殿里，因此还要大兴土木，筑起楼台亭阁以便取乐。如此一来，黎民百姓可就要遭殃了，一想到这些，我就不寒而栗。"

当时很多人都觉得是箕子多虑了，并未将他的话放在心上，然而仅仅过了5年，箕子的预言就应验了，商纣王骄奢淫逸、贪图享乐，最终断送了商朝的江山。

以上的故事告诉我们这样一个道理：人一旦形成了某种生活习

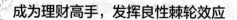

成为理财高手，发挥良性棘轮效应

棘轮效应在理财中也发挥着重要作用。因此，在理财规划中，一定要养成好的理财习惯，发挥良性棘轮效应。

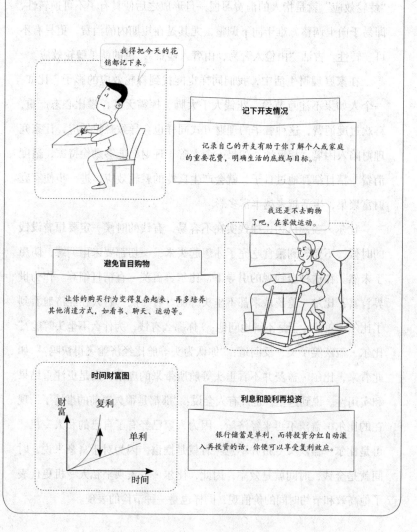

我得把今天的花销都记下来。

记下开支情况

记录自己的开支有助于你了解个人或家庭的重要花费，明确生活的底线与目标。

我还是不去购物了吧，在家做运动。

避免盲目购物

让你的购买行为变得复杂起来，再多培养其他消遣方式，如看书、聊天、运动等。

时间财富图

财富 复利 单利 时间

利息和股利再投资

银行储蓄是单利，而将投资分红自动滚入再投资的话，你便可以享受复利效应。

25

惯，就很难再改变，因此，我们要杜绝一切可能会发生在我们身上的坏习惯，不为以后留下丝毫隐患。

在经济学上，这种习惯难以改变的理念，被总结为"棘轮效应"。"棘轮效应"就是指人的消费习惯一旦形成之后便具有了不可逆转性，即易于向上调整，难于向下调整，尤其是在短期内的消费，更具有不可逆转性。古话"由俭入奢易，由奢入俭难"，讲的就是棘轮效应。

在家庭理财生活中，我们同样也能找到棘轮效应的影子。比如，一个人如果不注意节俭，花钱大手大脚、挥霍无度，攀比心态严重，喜欢过度消费，这种奢华的理财方式同样也会导致棘轮效应，让家庭理财陷入困境。相反地，如果一个人善于理财，能够勤俭持家，适度消费，精打细算地过日子，就会产生良性的棘轮效应，进一步使家庭财富聚集，生活越来越丰富多彩。

比尔·盖茨认为，挣钱实在不容易，有钱的时候一定要想着没钱的时候，不要等到粮食吃完了才想起买米，一切都要未雨绸缪，防患于未然。在这种金钱观的引导下，比尔·盖茨一直精打细算。作为世界首富，比尔·盖茨从来都不坐头等舱。有一次，有人在经济舱看到了比尔·盖茨，于是不解地问他："你那么有钱，为什么不坐头等舱？"比尔·盖茨笑了笑，反问道："你认为头等舱比经济舱飞得快吗？"如此看来，比尔·盖茨并不看重头等舱所带来的虚荣，而是更注重结果和实用性。说到这里，也许有人会说："那都是很久以前的事情了，现在的比尔·盖茨不再坐经济舱，因为人家已经有了自己的私人专机。"可是比尔·盖茨买专机并不意味着就是摆谱，因为对于富豪来说，时间就是金钱，时间就是效率，因此，比尔·盖茨乘坐私人专机更代表了他高效和节约时间的价值观，同样也是一种节俭的表现。

由此可以看出，棘轮效应并不单指坏习惯会毁灭掉我们的生活，还包括良好的习惯同样也能改善我们的生活，让我们的财富越积越多。因此，在家庭理财规划中，一定要养成好的理财习惯，将良性棘轮效应发扬光大。要克制自己的坏毛病和不良的理财习惯，杜绝不良棘轮效应。要在家庭理财规划中尽量做到未雨绸缪、防患于未然，及早为自己退休后的晚年生活做准备。因为一般来讲，家庭收入最高的阶段往往是退休前的五到十年，如果这个时候不注意节俭，仍然按照过去的消费习惯大手大脚花钱，不为自己退休后的日子早做准备的话，就会产生很糟糕的棘轮效应。

理财圣经

>>>>>>>>

家庭理财的一个重要任务就是要勤俭持家，提前为自己的晚年生活做准备，让自己的晚年生活得幸福而有尊严，防止不良棘轮效应的产生。

成功理财必备的三大心理素质

要想成功理财，我们必须具备一些基本的素质。希望下面列出的几种成功理财素质，能对广大理财者有所帮助。

一、拒绝贪婪

首先，贪婪会使人失去理性判断的能力，不顾投资市场的具体环境就勉强入市。不错，资金不入市不可能赚钱，但贪婪使人忘记了入市的资金也可能亏损。不顾外在条件，不停地在投资市场跳进跳出是还未能控制自己情绪的理财新手的典型表现之一。

贪婪也会使理财者忘记分散风险，脑子里美滋滋地想象着如果这只股票涨两倍的话能赚多少钱，忽略了股票跌的情况。理财新手的另一个典型表现是在加股的选择上：买了 500 股 20 元的股票，如果升到 25 元，就会懊悔，如果当时我买 1000 股该多好！同时开始想象股票会升到 30 元，即刻又加买 2000 股，把绝大部分本金都投在这只股票上；假设这时股票跌了 2 元，一下子从原先的 2500 元利润变成倒亏 2500 元。这时理财者失去了思考能力，希望开始取代贪婪，他希望这是暂时的反调，股票很快就会回到上升之途，直升至 30 元。

其实追加投资额并不是坏事，只是情绪性地追加是不对的，特别在贪婪控制人的情绪之时。是否被贪婪控制，自己最清楚，不要编故事来掩饰自己的贪婪。

总之，要学会彻底遏制贪婪，要学会放弃，有"舍"才"得"。

二、保持谨慎，不过于自信

过分自信的理财者不仅会做出愚蠢的理财决策，同时也会对整个股市产生间接影响。

心理学家研究显示，理财者的误判通常发生在他们过分自信的时候。如果问一群驾驶员，他们是否认为自己的开车技术优于别人，相信绝大多数的人都会说自己是最优秀的，从而也留下了到底谁是技术最差的驾驶员的问题。同样，在医学领域，医生都相信自己有 90% 的把握能够治愈病人，但事实却表明成功率只有 50%。其实，自信本身并不是一件坏事，但过分自信则要另当别论了。当理财者在处理个人财务事宜时过分自信，其不良影响尤其大。

理财者有一种趋势，总是过高地估计自己的技巧和知识，他们只思考身边随手可得的信息，而不去收集鲜有人获得，或难以获得的更深入、更细微的信息；他们热衷于市场小道消息，而这些小道消息常

把握五字要诀变成投资专家

稳

　　所谓稳，要胸有成竹，对大的趋势作认真的分析，要有自己的思维方式，而非随波逐流。

现在市场不景气，投了可能收不回，再等等。

准

　　所谓准，就是要当机立断，坚决果断。如果大势一路看好，就不要逆着大势做空，同时，看准了行情，心目中的价位就到了。

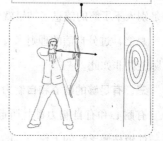

忍

　　势未形成之前决不动心，免得杀进杀出造成冲动性的投资，要学会一个"忍"字。小不忍则乱大谋，忍一步，海阔天空。

狠

　　所谓狠，一方面，当方向错误时，要有壮士断腕的勇气认赔出场。另一方面，当方向对时，可考虑适量加码，乘胜追击。

追击！

滚

　　在股票市场投资中，赚八分饱就走，股价下跌初期，不可留恋，要赶紧撤出。

开始跌了，要果断撤出了才行。

股市

常诱使他们信心百倍地踏入股市。另外，他们倾向于评价那些大家都获得的信息，而不是去发掘那些没什么人知道的信息。

正是因为过于自信，很多资金经理人都作出过错误的决策，他们对自己收集的信息过于自信，而且总是认为自己的比别人的更准确。如果股市中所有的人都认为自己的信息永远是正确的，而且自己了解的是别人不了解的信息，结果就会导致出现大量的交易。

总之，过分自信的理财者总是认为他们的投资行为风险很低，而实际上并非如此。

三、有足够的耐心和自制力

有耐心和有自制力都是听起来很简单但做起来很困难的。理财是一件极枯燥乏味的工作。有的人也许会把理财当成一件极其刺激好玩的事，那是因为他把理财当成消遣，没有把它当成严肃的工作。如同围棋一样，围棋爱好者觉得围棋很好玩，但问问那些以下棋为生的人，他们一定会告诉你，整日盯谱是多么枯燥单调。其中的道理是一样的。每天收集资料、判断行情，参照自己的经验定好炒股计划，偶尔做做或许是觉得有趣的事，但经年累月地重复同样的工作就是"苦工"。如果不把"苦工"当成习惯，无论是谁，成功的希望都不会大。

因为理财单调乏味，新手们就喜欢不顾外在条件，在投资市场跳进跳出寻求刺激。在算账的时候，理财者自然能明白寻找这一刺激的代价是多么高昂。理财者必须培养自己的耐心和自制力，否则想在这行成功是很难的。

理财圣经　　　　　　　　　　　　　　　　　　　>>>>>>>>

知道狮子是怎样捕猎的吗？它耐心地等待猎物，只有在时机适合的时候，它才从草丛中跳出来。成功的理财者具有同样的特点，他绝不为理财而理财，他会耐心地等待合适的时机，然后采取行动。

获得财富的机遇往往隐藏在危险之中

当今时代是个变化快速、财富充足的时代，同时也是个创造财富的时代。市场经济体制下，每个人都渴望发财致富，借以提高自己的生活水准或达到人生的目标。在这攸关未来财富地位的时代里，你必须像成功的理财人士一样把握财富增长的轨迹，沿着财富增长的路走下去，才能在投资理财的过程中赢得胜利、获得财富。

霍希哈作为一名成功的证券投机商，从不鲁莽行事，他的每一个决策都建立在充分掌握第一手资料的基础上。他有一句名言：除非你十分了解内情，否则千万不要买减价的东西。这个至理名言是以惨痛的代价换来的。

1916 年，初涉股市的霍希哈用自己的全部家当买下了大量雷卡尔钢铁公司的股票，他原本希望这家公司走出经营的低谷，然而，事实证明他犯了一个不可饶恕的错误。霍希哈没有注意到这家公司的大量应收账款实际已成死账，而它背负的银行债务即使以最好的钢铁公司的业绩水平来衡量，也得 30 年时间才能偿清。结果雷卡尔公司不久就破产了，霍希哈也因此倾家荡产，只好从头开始。

经过这次失败，霍希哈一辈子都牢记着这个教训。1929 年春季，也就是举世闻名的世界大股灾和经济危机来临的前夕，当霍希哈准备用 50 万美元在纽约证券交易所买一个席位的时候，他突然放弃了这

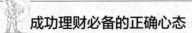

成功理财必备的正确心态

在投资理财"长跑"过程中，有好心态才能有好收获，那么，作为理财者，应该拥有怎样的心态呢？

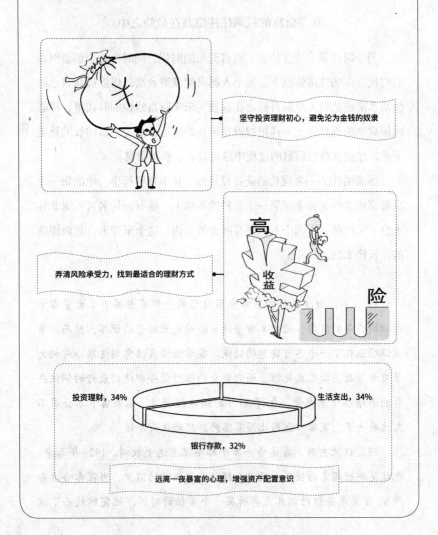

坚守投资理财初心，避免沦为金钱的奴隶

弄清风险承受力，找到最适合的理财方式

高 收益 险

投资理财，34% 生活支出，34%

银行存款，32%

远离一夜暴富的心理，增强资产配置意识

个念头。霍希哈事后回忆道："当你发现全美国的人们都在谈论着股票，连医生都停业而去做股票投机生意的时候，你应当意识到这一切不会持续很久了。所以，我在8月就把全部股票抛出，结果净赚了400万美元。"这一个明智的决策使霍希哈躲过了灭顶之灾。

霍希哈的决定性成功来自开发加拿大亚特巴斯克铀矿的项目。霍希哈从战后世界局势的演变及原子武器的巨大威力中感觉到，铀将是地球上最重要的一项战略资源。于是，从1949年到1954年，他在加拿大的亚大巴斯卡湖买下了470平方英里的土地，他认定这片土地蕴藏着大量的铀。亚特巴斯克公司在霍希哈的支持下，成为第一家以私人资金开采铀矿的公司。然后，他又邀请地质学家法兰克·朱宾担任该矿的技术顾问。

在此之前，这块土地已经被许多地质学家勘探过，分析的结果表明，此处只有很少的铀。但是，朱宾对这个结果表示怀疑，他确认这块土地藏有大量的铀。他竭力劝说许多公司进行勘探，但是，都遭到了拒绝。而霍希哈在认真听取了朱宾的详细汇报之后，决定冒险投资。1952年4月22日，霍希哈投资3万美元勘探。在5月的一个星期六早晨，他得到报告：在78块矿样中，有71块含有品位很高的铀。朱宾惊喜地大叫："霍希哈真是财运亨通。"的确，霍希哈从亚特巴斯克铀矿公司得到了丰厚的回报。1952年初，这家公司的股票尚不足45美分一股，但到了1955年5月，也就是朱宾找到铀矿整整3年之后，亚特巴斯克公司的股票已飞涨至252美元一股，成为当时加拿大蒙特利尔证券交易所的"神奇黑马"。而霍希哈也因为铀矿的发现登入世界富豪之列。

从这个故事中我们可以看到，财富的增长，很大程度上取决于敢于冒险，不断地进行投资，同时把握住不同的机遇。

理财圣经 >>>>>>>>

事实上，许多获得财富的机遇往往隐藏在危险之中。优秀的投资理财者，往往乐于冒险，从危险中挖掘成功理财的好机遇。

第三章

走出理财误区，规避理财盲点

理财观念误区一：我没财可理

在现实生活中，一些收入不高的人一谈起理财，就觉得这是一种奢侈品，他们大都认为自己收入微薄，无"财"可理。殊不知，理财是与生活休戚相关的事，只要善于打理，即使是收入一般亦有可能"聚沙成塔"，达到"财务自由"的境界。

在某城，有这样一对夫妻，他们虽然收入不多，但足够维持日常生活。

突然有一天，丈夫跟妻子说："我下岗了，家里的钱可能维持不了多久，看来咱们得借钱度日了。"

妻子听到颇显惊讶，但过了一会儿笑了笑说："哦，没关系，别担心，我们还有钱应该可以应付你找到工作前的花销。"

丈夫很奇怪："咦，哪儿来的钱？"

妻子说："我就知道你不懂存钱，所以每次都在你给我的钱里面扣出一点儿作为储备。虽然我们的收入不多，但是扣出这些钱对我们的生活也没什么影响。日积月累，几年来，我已经积蓄了不少了，至少可以顶一年的收入了。"

丈夫羞赧地笑笑说："呵呵，还是你想得周到，我怎么就没想到？"

无须强调，你可能就是故事里的"丈夫"，因为收入不高而不去理财，并总在嘴边叨念着"我没财可理"这样的话。尤其是刚上班的工薪族，总是抱怨自己的钱每个月只能剩下一点点，没有必要理财。显然，这样的观点是一种误区。

只要理财，再少的钱都可能给你带来一份收益，而不理财则再多的钱也会有花光的时候。

再者，理财中还有一种奇特的效应，叫作马太效应。马太效应是指任何个体、群体或地区，一旦在某一个方面（如金钱、名誉、地位等）获得成功和进步，就会产生一种积累优势，就会有更多的机会取得更大的成功和进步。将马太效应运用到理财中，是说只要你肯理财，时间久了，也就积累了更多的财富，有更多的机会收获成功。

我们先看个案例：

光成和青楠是同一个公司的职工，他们每月的收入都是2000元，光成刚开始每个月从工资中扣除400元存在银行做储蓄，经过3年，积累了近15000元。然后，他将其中的5000元分别存在银行和买了意外保险，再将剩下的1万元投资了股市。起初，股票上的投资有赔有赚，但经过2年多的时间，1万元变成了4万多元，再加上后面两年再投入的资本所挣得的赢利以及留存在银行里的储蓄，他的个人资产差不多达到了七八万元。

而青楠则把钱全都存在了银行，五年下来扣除利息税，再加上通货膨胀，他的钱居然呈现了负增长。也就是说如果他和光成一样，每月存400元，那5年后，他的存款也不过是25000元。

5年的时间，就让两个人相差将近5万元！一年就是1万元，那么40年后呢？就是更大的数字了。而且，光成因为积蓄的增多，还会有更多的机会和财富进行投资，也就是能挣更多的钱。青楠则可能因为通货膨胀，积蓄变得更少。

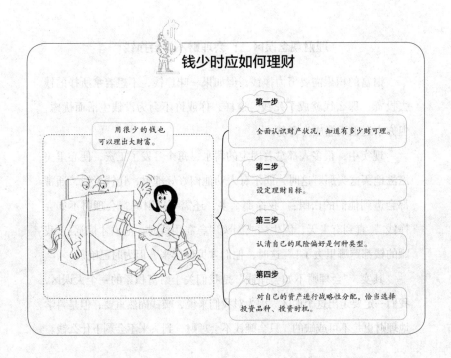

钱少时应如何理财

用很少的钱也可以理出大财富。

第一步

全面认识财产状况，知道有多少财可理。

第二步

设定理财目标。

第三步

认清自己的风险偏好是何种类型。

第四步

对自己的资产进行战略性分配，恰当选择投资品种、投资时机。

案例正应了马太效应里的那句话，让贫者更贫，让富者更富。即便是再小的钱财，只要你认真累积，精心管理，也会有令人惊讶的效果，并让你有机会、有能力更加富有。

理财圣经

>>>>>>>>>

"不积跬步，无以至千里；不积小流，无以成江海"，所以不要走入"我没财可理"的误区，永远不要以为自己无财可理。因为，理财与不理财，根本不在于财的多少，而在于合理安排。从某种程度上讲，财越少，才越应该理，因为对于个人也好，家庭也好，越是手头不富裕，才越应该仔细规划自己的财务。

理财观念误区二：会理财不如会挣钱

财富的积累需要努力挣钱，但如果一味挣钱，不想着拿所挣的钱去投资，那么钱就成了死钱。这样，你或许不会为没钱生活而忧虑，但你永远也不能成为富翁。

现实中，很多人都拿着固定的薪水，每个月发了工资，便心里美滋滋地买这买那。这时，偶尔有人劝他们好好理财，让钱生钱，通常都会遭到他们的白眼："我挣那么多，还需要理财吗？会理财不如会挣钱。"直到有一天，因生病或因买房急需用钱时，他们才惊觉："我赚的钱都跑哪里去了！"这时，他们才惊慌起来，但为时已晚。

其实，"会理财不如会挣钱"是我们关于财富积累的一个大误区，我们一定要走出这个误区。因为对我们来说，赚钱固然重要，但是科学地理财更是不可或缺的。只会赚钱不会理财，到头来不会剩下什么钱。

当然，如果你有足够高的收入，而且你的花销不是很大的话，那么你确实不用担心没钱买房、结婚、买车，也不用担心意外风险的出现，因为你有足够的钱来解决这些问题。但是仅仅这样你就真的不需要理财了吗？要知道理财能力跟挣钱能力往往是相辅相成的，一个有着高收入的人应该有更好的理财方法来打理自己的财产，为进一步提高生活水平，或者说为了下一个"挑战目标"而积蓄力量。

比如说，你在工作到一定阶段的时候想开一家属于自己的公司，那么，你仍然需要理财，你也会感觉到理财对你的重要性，因为你想要进行创业、投资，这些经济行为意味着你面临的经济风险又加大了，你必须通过合理的理财手段增强自己的风险抵御能力。在达成目的的同时，保证了自己的经济安全。

理财圣经

>>>>>>>>

你真的不需要理财吗？其实不是。拥有这种想法的人，已经陷入了财富增长的一大误区。唯有走出这一误区，正视理财之于财富增长的价值，我们才有可能成为真正的"有钱人"。

理财观念误区三：能花钱才能挣钱

现实中，许多人都抱着"能花钱才能挣钱"的观点，不计后果地进行各种消费，喝一杯上百元的饮料，吃一顿花去半个月工资的大餐，他们却说这是一种生活体验，人活着就应该多见识见识。见识各种类型的消费是没有错，但是一旦让这种消费养成习惯，你的生活也就没有保障了。

有一个年轻人用他的聪明才智挣了很多钱，他对未来充满信心，所以把挣来的钱大手大脚地花了个精光。突然有一天，他年轻的妻子得了重病，为了保住妻子的生命，他不得已请了一位著名的外科医生为妻子做一个性命攸关的手术，但是，动手术需要一笔巨款。年轻人手头毫无积蓄，只好去借钱。妻子的命终于保住了，但是妻子随之而来的疗养和孩子们接二连三地生病，加上饱受焦虑的折磨，终于使他积劳成疾，赚的钱一年比一年少。最后，这个人职业受挫，全家穷困潦倒，没有钱渡过难关。

　　其实在妻子生病之前，他本可以节俭一点儿，那样就能轻而易举地存上一大笔钱，但他却觉得没有必要，将钱随意挥霍了。

　　在社会生活中，由于各种不可预知的因素存在，人们很难预想到在生命的哪个阶段会碰上灾难、打击，人们不可能预见什么时候会生病或发生变故。为了应付这些倒霉的事情，适度的节俭和存储就显得尤为重要。"节俭不是吝啬，而是节约。"这句话道出了节俭的本质。当然，学会节俭也是保证持续不断消费的一门艺术。因此，我们应该对节俭拥有这种深刻的认识，并养成生活节俭的好习惯。

　　与那些深谋远虑，能够为了应付紧急情况和疾病或安享晚年而储蓄的人相比，那些今朝有酒今朝醉的人的生活世界是完全不同的。节俭的人总是在不断地储蓄，以便应付自己和亲人有可能遭遇的各种不测。他们为自己的家庭遮风挡雨，使自己的家人免受别人的欺侮和冷漠自私的对待。我们也应如此，当我们急需某一东西时，那些平时节俭下来的财富帮助了自己，那是多么令人愉快的事。

　　只要人活着，就要有开支来保证正常的生活，但是一些开支是

让小金库存得住"水"

　　会花钱，会省钱，都是一种理财的智慧。下面为大家介绍几个省钱的生活好习惯，让辛苦赚来的钱能存下来。

　　1.建立一个强制储蓄计划每月先储蓄一定金额，剩下的再做日常消费，这样就能避免不必要的开支。

　　2.日常大金额的支出要提前规划，通过平时的节约存储来支付。

　　3.购物省了多少钱就存多少钱。购物时，在不减少购物数量的同时，可以选择团购，和别人一起拼团，能节省不少开支。

可有可无的。打开你的衣柜，看一看是不是有很多衣服你买了就没有穿过几次；打开冰箱，是不是许多天前出于冲动在超市买的东西又忘了吃，变质了要扔掉……仔细想想，你会发现，你天天在花很多冤枉钱。花钱的时候觉得东西不错，或是享受不错，但过后真正用上的又有多少呢？所以下次你在购物之前，先问问自己：

这件东西我是真的需要吗？

买了它我会用多久？

它在我这里真的能实现它的价值吗？

这样多问几个问题，你就会省下许多不必要的开支。

谁说有钱人只用想办法挣钱，省钱是市井之人的事？会花钱，会省钱，都是一种理财的智慧。那些懂得投资理财的人一方面会不断地给自己的小金库注入活水，另一方面会在另一头防止进入小金库的水流走。只有这样才能真正让自己的小金库存得住"水"。

理财圣经

节省一分钱，你就为自己增加了一分资本。想通过投资理财获得财富的朋友们一定要记住，节省一分钱，你就赚了一分钱。如果你对手中的财富不珍惜，到头来，你只会一无所有。

理财实践盲点一：投资超出了自己的"能力圈"

若想从理财中得到理想的收益，一个必备的知识是：不要让投资超出自己的"能力圈"。

股神巴菲特在任何压力下都始终坚持固守在"能力圈"范围内的

基本原则。他曾说："我们的工作就是专注于我们所了解的事情，这一点非常非常重要。"所有情况都不会驱使他做出在"能力圈"范围以外的投资决策。

巴菲特坚定地掌握了伯克希尔公司的命运，相信能够实现他为这家公司所制定的目标，这是因为他已经确定了一个能力范围，他能够在这个范围之内进行他的资本管理。同样，巴菲特宁愿在重要的和可知的范畴之内做出他的资本分配决定。如果你会打棒球的话，这是一个击球区。在这个击球区里，巴菲特愿意挥动球杆，打击向他投来的球。这种比喻浓缩了一个世界，在这个世界当中，巴菲特能够客观地评估提供给他的机会；在这个世界当中，巴菲特在做出决定时所考虑的变量是那样明显，以至于他几乎可以触摸到它们，而在这种情况下，巴菲特是如此相信它们，以至于他能够基本上消除不确定性。

可见，要想成功理财，最好的办法就是向股神巴菲特学习，只在自己熟悉的领域活动。为了管理好这种认识状态，巴菲特用以下标准来衡量他的能力范围：

（1）他确定了他知道什么，其办法是鉴别真理、真理之后的动因和它们之间的相互关系。

（2）他保证他知道什么，其办法是进行一次逆向思维，为此他会寻求证据证明他以前的结论有误。

（3）他检查他所知道的事情，其办法是从他所做出决定的后果当中挑出反馈。

巴菲特最成功的投资是对可口可乐、吉列、华盛顿邮报等传统行业中百年老店的长期投资，这些"巨无霸"企业的不断增长使巴菲特成为世界著名富豪。与巴菲特不同的是，他的好朋友比尔·盖茨最成功的投资是对他创建的公司微软的长期投资。正是微软这个新兴软件产业的"超级霸主"地位让比尔·盖茨成为超级富豪。

那么巴菲特为什么不投资微软呢？同时比尔·盖茨为什么不投资可口可乐呢？答案是因为每个人都有自己的能力圈。如果巴菲特投资高科技产业，而比尔·盖茨投资传统产业，这两个在自己最擅长的能力圈外进行投资的人可能为全世界增加两个新的百万富翁，但绝不会是百亿富翁。

在交易的世界里，巴菲特坚持做那些他知道的和他能做的，他不会去试着做那些他不能做的，他知道他了解媒体、金融和消费品公司，所以，在过去的几年里，他将资金集中投资在这些领域。巴菲特同意奥森·斯科特·卡德的至理名言："大多数胜利者出自迅速利用敌对方愚蠢的错误，而不是出自你自己出色的计划。"

只在自己熟悉的领域投资，只要不超出这个范围，投资人就拥有了一种能让他的表现超出市场总体表现的竞争优势。巴菲特所拥有的正是这种优势，这种竞争优势就是衡量一笔投资是否有理想的平均利润期望值的能力。只要他关注的是其他任何类型的投资，他的"衡量工具"就会立刻失效，而只要无法衡量，他判断一笔投资是否可能赢利的能力就与普通投资人没什么两样了。

巴菲特并没有刻意去占领某个特定的市场领域，这只是由他的能力范围自然决定的，对自己懂什么又不懂什么，他心中如明镜般清楚。他已经证明，如果他留在自己的能力范围之内，他会轻松赢利。在他的能力范围之外可能确实有一座更高的山，但他对这座山不感兴趣。他那种已经得到验证的投资风格符合他的个性。去做其他事情无异于穿上一件不合身的衣服，一件太大或太小的阿玛尼不如一件正合身的廉价衣服。

让我们牢记股神的告诫吧："对你的能力圈来说，最重要的不是能力圈的范围大小，而是你如何能够确定能力圈的边界所在。如果你知道了能力圈的边界所在，你将比那些能力圈虽然比你大 5 倍却不知道边界所在的人要富有得多。"

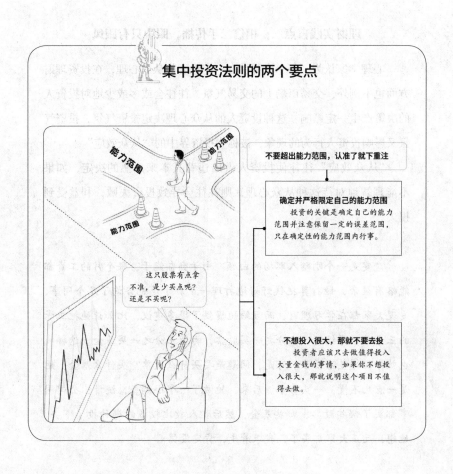

做任何事情，如果超出自己的能力范围，成功的可能性就会非常低。这一点在投资理财上也很适用。如果投资人超出了自己的能力范围，投资失败的可能性会大大提升。

理财实践盲点二：相信二手传播，眼中只有跟风

心理学家认为，每个人都存在一定程度的从众心理，在投资理财方面也不例外，交易市场上的交易气氛，往往会或多或少地对投资人的决策产生一定影响。这种投资人的从众心理决定投资气氛，投资气氛又影响投资人行为的现象，被称为投资界中的"从众效应"。

"从众效应"往往使投资人做出违背其本来意愿的决定，如果不能理智地对待这种从众心理，则往往会导致投资失败，利益受到损失。

晓雯是一个刚踏入职场的白领。由于勤奋能干，每个月的工资都能略有盈余，她打算把钱好好地打理一下。于是她咨询了几个同事，发现大家都在学习理财，而且给她提供了很多建议，比如让她把工资的三分之一存银行，三分之一买股票，再留三分之一买基金。这样钱也就分配得差不多了。可是，问题是要买什么股票？买什么基金？她是一点儿不懂，一头雾水。后来，她做了一个小调查，统计出公司同事都买了哪些股票、哪些基金，然后挑人数比较多的那种投了下去。她想，反正大家都买了，我跟着走，肯定没错。

后来在闲谈中，她把自己的计划告诉了自己多年的好朋友——敏然。敏然思考了一下，认为这种投资方式并不适合晓雯，因为大家选择的股票和基金并不一定就是能挣钱的，晓雯没有经过仔细分析就盲目跟从，这样是很危险的。另外晓雯的身体从小就不是很好，虽然现在看起来很健康，可是仍然有些虚弱。公司并没有给她上五险，应该留些钱买人身意外险之类的。晓雯却认为，大家都这样理财投资，怕什么，再说现在身体不还好好的吗？

后来晓雯股票赔了，基金基本没什么收益，晓雯看大家都赔了，也没什么好难过的，就把事情放在脑后了。谁知道两年后，晓雯得了一场大病，医疗费用都得自己掏。银行里那点儿积蓄根本不够用，再回想当初，真是后悔不已。

晓雯不是没有理财的意识，也有理财的想法和实践，可是她错就错在想和大家保持一致，以大家的标准作为自己的标准。

现实中，有些投资人本来可以通过继续持股而获取利润，由于受到市场气氛的影响，最终错失良机；有些投资人虽然明知股价已经被投机者炒到了不合理的高度，但由于从众心理，跟着人家买进，结果最后被套牢。

现在在股市上，投资人可以看到这样的现象，逢牛市时，大家都谈论股票如何好赚，入市的人最多，成交量猛增，达到了"天量天价"。很多人不知道，这其实是由于股民的从众心理造成的。结果，达到天价的股票持续没多久，突然下跌，受害人就非常多。所以，股市上有"10人炒股7人亏，另有2人可打平，只有1人能赚钱"的说法。这是对那些总想紧跟大势的投资人的最好忠告。

理财新手如何摆脱"跟风陷阱"

理财新手如何摆脱"盲目跟风投资"的窘境，选择适合自己的理财方式呢？可以从以下方面着手。

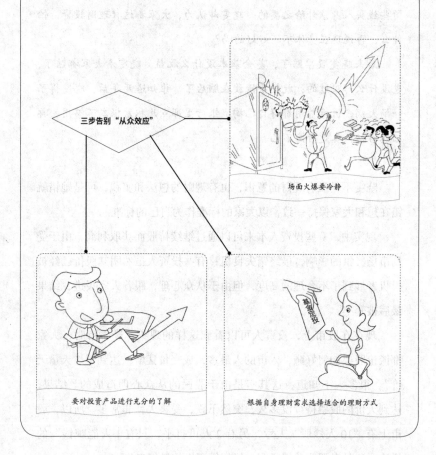

三步告别"从众效应"

场面火爆要冷静

要对投资产品进行充分的了解

根据自身理财需求选择适合的理财方式

总的来说，正确的理财计划是能够从自身情况出发，"量身定做"的理财方案。你应当独立思考，按照自己的情况设计方案。再说，投资股票基金，本就需要学习一些金融知识自己去实践才能成功，跟着别人走，十有八九都是错的。因为，投资证券市场，真正富了的是少数那些坚持自己的想法、有眼光的人。

理财圣经 >>>>>>>>

在选择理财品种上，适不适合才是最重要的，只有结合经济的走势，也结合自己的收入特点、时间、经验等方面综合考虑，选择适合自己的理财方式，才容易理财成功。不能看到别人在某方面赚钱了，不加分析，盲目跟风。

理财实践盲点三：太在意理财产品价格的波动

现实中，很多投资人存在一种理财盲点：太在意理财产品价格的波动。其实，投资品价格（如基金价格）的波动并不能影响公司的前景，你需要关注的是公司的业绩，而非一时的价格波动情况。作为一个杰出的投资人，要想追求高于市场平均值的回报，就必须做到这一点。就像在一场汽车拉力赛中，你必须忍受颠簸，克服各种可能出现的问题，才能到达终点。

以股票为例，那些对市场过于敏感的投资人是不明智的，他们每每看到投资品的价格下跌，便如临大敌地想要卖出。这样的投资人正如巴菲特所说："这就好比你花了10万美元买下了一幢房子，而后你又告诉经纪人开价8万美元把它卖掉了，这真是愚蠢至极。"

不只巴菲特是不关注股价波动的人，他的合伙人查理·芒格也是。查理是通过另外一条稍有不同的途径了解和认同集中投资的基本概念的。他解释说："在20世纪60年代，我用的是复合利率表，我做出各种假设，判断自己在普通股票变动方面有什么优势。"他经历了几种情况，来决定自己在投资组合中应当持有多少股票，判断自己希望股价发生什么样的变化。

"我从自己在纸牌游戏中的经历认识到，当天大的运气真的落到你头上的时候，你必须下重手赌一把。"

"只要你能顶住价格的波动，拥有3只股票就足够了。我知道心理上我完全能顶住价格的波动。我从小就是由善于顶住潮流的人抚养长大的，所以我是实施这套方法的理想人选。"

股价时刻都会发生波动，有时波动很强烈，而且股价波动也给投资人带来了巨大的影响，这就需要投资人保持清醒的头脑，因为不只要看短期股价的波动如何，从长期来看，你所持公司的经济效益会补偿任何短期的价格波动。

作为一般投资人，很少有人能够做到忽略价格波动，这对普通投资人也着实不容易，但我们还是可以通过学习来培养这种能力。我们必须不断改变自己的言行及思维方式，一步步学习在面对市场的诡秘变幻时处变不惊的能力，虽然这种能力绝不是短期内就能获得的，但只要坚持不懈地努力下去，就一定会获得提升。

在日常生活中，我们经常会看到有些投资人因为破产而自杀的新闻。许多伟大的投资人一直在奉劝那些看到股票价格下跌便会心脏病发作的人，赶快远离股市，不要再玩这种游戏了，因为生命远远比金钱重要得多。"投资人必须要有安全意识，有来自知识的自信，不草率从事，也不顽固不化。如果你缺乏自信，在股价的底部时你就会被恐惧赶出局。"集中投资人如果能忍受股价波动的曲折和颠簸，从长远来看，公司的基础经济状况将给予的补偿比短期价格波动带来的影响多。也许你认为你天生能战胜逆境。但是，即使你不是身处其中，你也可以获得和他们一样的一些特点：你需要有意识地改变自己的思考和行为方式。新的习惯和思考方式并不是一夜间形成的，但是不断告诫自己对市场的反复无常不必惊慌或草率行动却是可行的。综观股市操作成功的人，都有一个共同特点，就是善于把大部分精力都用于分析企业的经济状况以及评估它的管理状况而不是用于跟踪股价。

理财圣经　　　　　　　　　　　　　　　　　　　　　>>>>>>>>

其实，在整个理财过程中，理财产品价格的一时波动是很正常的情况，并不能对公司的前景造成实质性的影响。投资人需要做的是关注公司的整体业绩，因为公司的业绩才是影响理财产品是赚是亏的关键。

第四章
制定合身的理财方案

理财之前，先确立人生目标

有人说过："梦想有多大，舞台就有多大。"一个具有明确生活目标和思想目标的人，毫无疑问会比一个根本没有目标的人更有钱。对于每个人来说，知道自己想要干什么，并且明白自己能做什么，是向有钱人迈进的第一步。所以，理财之前，先确立人生目标。

一个炎热的日子，一群女性正在一个公司的车间工作，这时，几位高层领导的视察打断了她们的工作。几位领导中的一位女性（总裁）走到车间主任刘月的面前停了下来，对车间主任说："辛苦了，老刘！"然后，她们进行了简短而愉快的交谈。

领导们离开后，刘月的下属立刻包围了她，她们对于她是公司总裁的朋友感到非常惊讶。刘月解释说，20多年以前她和总裁是在同一天开始在这个公司工作的。

其中一个人半认真半开玩笑地问她："为什么你现在仍在车间工作，而她却成了总裁？"刘月说："20多年前我为一个月75块钱的工资而工作，而她却是为事业而工作。"

同样的起跑线，却因为目标的不同，两个人的人生有了翻天覆地的变化。事实告诉我们，如果你为赚钱而努力，那么你可能会赚很多钱，但如果你想干一番事业，那么你就有可能不仅赚很多钱，而且会干一番大事业，得到自我满足和自我价值的体现。总之，你必须有自己明确的目标，甚至有点野心也无妨，找到了目标，你就成功了一半。你要知道自己要干什么，然后将这些目标付诸行动，这样你才能获得你想要的财富。但是很多人并不清楚这一点。他们迷迷糊糊地上了大学，迷迷糊糊地参加了工作，又迷迷糊糊地结婚生子，这一辈子就在迷迷糊糊当中度过。这样迷糊的人是永远不会赚取多少财富的。还有一些人，他们有理想、有抱负，当下海热时，他们就奋不顾身地下海；当出国风光时，他们就算挤破头也要走出国门镀点金；当公务员热兴起时，他们又忙着考公务员……这种人的生活忙忙碌碌，看似充实，实则毫无头绪。所以，我们需要确立一个明确的人生目标。那么，我们怎样才能快速找到自己的人生目标呢？这里给大家介绍一个小方法：

（1）拿出几张空白的纸或者打开一个文字处理软件。

（2）在纸的顶部或者文档的顶部写上："我真正的人生目标是什么？"

（3）写下你脑海中最先想到的一个答案（任何一个答案都行）。这个答案不必是一个完整的句子，一个简单的词语就好。

（4）重复第（3）个步骤，直到当你写出一个答案时，你会为之而惊叫，那么它就是你的目标了。

另外，找到目标后，还要根据自己的特长做一些适当的小修整，然后制订一份可行的计划。

一、发掘计划——凸显个人特长，自我定位

你可以根据专门的测试或者咨询专业人员，来把握自己的主要特点、然后根据相关的建议，将自己定位在一定的职业范围之内。

二、寻找计划——"多"中取精，挑一个好企业

在剔除一部分职业后，你的心里对于自己将要从事的职业可能已经有了一个大体的想法，然后你就应当去寻找一个好的企业，从而开始自己的事业。

三、成才计划——努力工作，经营自己的事业

在进入了最适合自己的行业后，你所要做的就是努力工作。切入点一旦找好了，接下来的事情就是如何把它变深、变大，从而让自己真正地投身到这个事业里，真正能从这个事业里得到成功。

很多人抱怨他们与理想的差距就只有那么一点点，而这一点点就改变了他们一生的命运。归根结底，还是因为当初没有很好地进行分析，没有确立自己的目标。只有确立了人生目标，才能做到有的放矢，从而获得理想的发展前景。

理财圣经　　　　　　　　　　　　　　　　>>>>>>>>

把自己的最终目标写在纸上，然后从后往前推，把目标分解成一个一个小目标写下来，贴在自己的床头，完成一个划掉一个。就这样一步一步往前走，总有一天会有到达那个最终目标的时候。

确定合理的理财目标

每个人理财都需要设定一个合理的目标，只有这样才能够更好地衡量自己的理财是不是有成效。因为不管我们做什么事情，总是由目标为我们指引正确的努力方向，理财也不例外。如果我们确立了一个合理的理财目标，我们就可以很好地积累自己的财产，管理好自己的经济生活。如果有意外事情发生，我们也能够从容地去处理。

那么怎样的理财目标是合理的呢？一个合理的目标必须要现实、具体、可操作。

（1）目标现实。也就是说确定的目标不是像我们做的白日梦那样，只是毫无根据地想象自己要过什么样的生活。确立的目标要符合实际，就像一个月薪 2000 元的人要在一年内买一栋别墅是不太符合现实的事情。

（2）目标具体。也就是说必须将目标具体化，就是定一个可以量化，可以达到的现实的状态。像有些人想要自己过得更好，这个就很抽象，因为"更好"只是相对应的说法，没有具体的可以测量的东西。

（3）目标可操作。也就是目标具有可行性，可行性就意味着目标可以达到但不能太容易，而且目标应该是分阶段的，是可以一步一步地去实现的。

一般来说，一个人在生活中的理财目标会有哪些呢？

（1）购置房产，指的是购买自己居住用房的计划，这是我们每个人的人生大事，总觉得有了房子才有家。

（2）购置居家用品，就是一般家庭大件的生活用品，如电视、冰箱等。

（3）应急基金，指的是为了应付突发事件而准备的备用金。这是对生活有准备的人都会考虑的问题。

（4）子女教育，指的是为了支付子女教育费用所用的准备金。

这些是每一个人都会考虑到的理财目标，有些人还会有一些特殊的目标规划，这里就不一一列举了。

那么自己该如何设定自己的理财目标呢？设定理财目标最好是能够用数字来衡量的，并且是需要经过努力才能达到的。

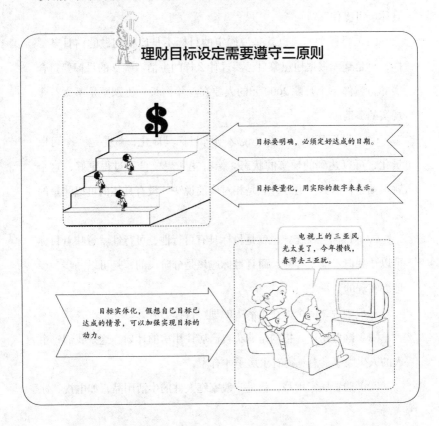

为了规划未来的生活，你必须先了解现在的生活。在确定理财目标之前，最好先建立一张家庭资产表，这样就能够更好地了解自己的财务情况，这样才能够制定一个合理的理财目标。

在不考虑别的社会因素的情况下，理财目标的实现一般与下列的几个因素有关。

（1）个人所投入的金额。所投入的金额并不是单单指你第一次的投入金额，而是指你所有的投入金额。

（2）投资标的的报酬率。投资标的指的是储蓄、基金、股票、黄金、债券等。

（3）投入的时间。投入时间的长短与收获有直接的挂钩，时间越长，所得就越大。

那么现在就请你拿出一张纸，把自己的家庭资产彻底地盘算一下，制作一个家庭资产表，然后根据自己的收入和追求，制定一个有实效的、合理的理财目标。每个人的追求不同，理财目标自然也就不同。

对于每一个人来说，理财都是自己一辈子的事情，都想让自己和家人过上更加美好的生活。那么从现在开始，就确定自己的理财目标，相信有了目标的引导，我们就能够更好地规划自己未来的生活了。

理财圣经　　　　　　　　　　　　　　　　>>>>>>>>

把自己的目标和实现这个目标所需要的时间写下来，拿给自己的长辈和朋友们看看，让他们看看你的想法是否实际，不要自己在那里闷头瞎想。

理财必须要制订理财计划

在理财的时候，许多人对理财计划没有一点概念。他们认为，理财不就是管理自己的财产，需要什么计划啊，再说计划是死的，情况是活的，弄好了计划也可能会因为各种变动而执行不了，根本没必要花费心力。其实财富就像一棵树，是从一粒小小的种子长大的，你如果在生活中制订一个适合自己的理财计划，你的财富就会依照计划表慢慢地增长，起初是一个种子，而在种子长成参天大树时，你就会渐渐发现，制订一个理财计划对自己的财富增长是多么重要。因为：

（1）我们中的大多数都是普通人，做事情很少有前瞻性，如果只看眼前的变化，很可能会随波逐流，容易被其他人所影响，从而没有办法积累自己的财富。

（2）拥有了理财计划，你才能有理财目标，有更加努力争取的方向。

（3）拥有一个理财计划，你才能知道自己花了多少钱，拥有多少钱，还能支配多少钱，才能根据不同的情况对自己的财产进行检查和重组。

（4）一个良好的理财计划，将为你以后的理财做好铺垫，也可以让你的财产管理更理性，更具有长远性。

其实做个理财计划一点都不难。理财计划就是在你理财之前，将明确的个人理财目标和自己的生活、财务现状分析总结出来，写在纸上，然后再根据这些制定出可行的理财方案。它不过需要你花费一些时间和几张纸，可是它能给你带来你想要的财富，怎样算都是划算的。

如何合理制订理财计划?

一个良好合理的理财计划，将为你以后的理财做好铺垫，也可以让你的财产管理更理性，更具有长远性。

具体来说，在制订理财计划的过程中，必须要考虑到以下四个要素：

一、了解本人的性格特点

在现在这样的经济社会中，你必须要根据自己的性格和心理素质，确认自己属于哪一类人。对于风险而言，每一个人面对风险时的态度是不一样的，概括起来可以分为三种：第一种是风险回避型，他们注重安全，避免冒险；第二种是风险爱好者，他们热衷于追逐意外的收益，更喜欢冒险；第三种是风险中立者，他们对预计收益比较确定时，可以不计风险，但追求收益的同时又要保证安全。生活中，第一种人占了绝大多数，因为我们都是害怕失败的人。在众人的心中只追求稳定，但往往是那些勇于冒险的人走在了富裕的前列。

二、了解自己的知识结构和职业类型

创造财富时首先必须认识自己、了解自己，然后再决定投资。了解自己的同时，一定要了解自己的知识结构和综合素质。

三、了解资本选择的机会成本

在制订理财计划的过程中，考虑了投资风险、知识结构和职业类型等各方面的因素和自身的特点之后，还要注意一些通用的原则，以下便是绝大多数优秀投资者的行动通用原则：

（1）保持一定数量的股票。股票类资产必不可少，投资股票既有利于避免因低通胀导致的储蓄收益下降，又可抵御高通胀所导致的货币贬值、物价上涨的威胁，同时也能够在市场行情不好时及时撤出股市，可谓是进可攻、退可守。

（2）反潮流的投资。别人卖出的时候你买进，等到别人都在买的时候你卖出。大多成功的股民正是在股市低迷、无人入市时建仓，在股市热热闹闹时卖出获利。

像收集书画作品，热门的名家书画，如毕加索、凡·高的画，投资大，有时花钱也很难买到，而且赝品多，不识真假的人往往花了冤枉钱，而得不到回报。同时，现在也有一些年轻的艺术家的作品，也有可能将来使你得到一笔不菲的回报。又比如说收集邮票，邮票本无价，但它作为特定的历史时期的产物，在票证上独树一帜，虽然目前关注的人不少，但它潜在的增值性是不可低估的。

（3）努力降低成本。我们常常会在手头紧的时候透支信用卡，其实这是一种最不明智的做法，往往这些债务又不能及时还清，结果是月复一月地付利，导致最后债台高筑。

（4）建立家庭财富档案。也许你对自己的财产状况一清二楚，但你的配偶及孩子们未必都清楚。你应当尽可能地使你的财富档案完备、清楚。这样，即使突然发生什么紧急状况，家人也知道该如何处理你的资产。

四、了解自己的收入水平，调整分配结构

选择财富的分配方式，也是制订理财计划表中一个不可缺少的部分。这首先取决于你的财富总量，在一般情况下，收入可视为总财富的当期支出，因为财富相对于收入而言是稳定的。在个人收入水平低下的情况下，主要依赖于工资薪金的消费者，其对货币的消费性交易需求极大，几乎无更多剩余的资金用来投资创造财富，其财富的分配重点则应该放在节俭上。

因此，个人财富再分配可以表述为：在既定收入条件下对消费、储蓄、投资创富进行选择性、切割性分配，以便使得现在消费和未来消费实现的效用为最大。如果为这段时期的消费所提取的准备金多，

用于长期投资创富的部分就少；提取的消费准备金少，则可用于长期投资的部分就多，进而你所得到的创富机会就会更多，实现财富梦想的可能性就会更大。

理财圣经 >>>>>>>>

逐项把需要考虑的要素写在纸上，然后像考试一样忠实地把自己的答案写下来；你也可以请教专业理财顾问，按照他提供给你的表格设计理财计划。

理财计划要设计的内容

很多人认为理财就是单纯地理钱，其实并不是这样的，理财是对自己一生的财富规划，所以理财计划在理财的道路上显得非常重要，你一定要考虑周全。那么，理财计划都应该包括哪些内容呢？

一、居住计划

"衣食住行"是人们的四大基本内容，其中"住"是让人们最头痛的事情。如果居住计划不合理，会让我们深陷债务危机和财务危机当中。它主要包括租房、买房、换房和房贷等几个大方面。居住计划首先要决定以哪一种方式解决自己的住宿问题。如果是买房，还要根据自己的经济能力来选择贷款的种类，最后确定一个适合自己的房产项目。

二、债务计划

现代人对负债几乎都持坚决否定的态度，这种认识是错误的。因为几乎没有人能避免债务，债务不仅能帮助我们在一生中均衡消费，还能带来应急的便利。合理的债务能让理财组合优化，但对债务必须严格管理，使其控制在一个适当的水平上，并且债务成本要尽可能降低，然后还要以此制订合理的债务计划及还款计划。

三、保险计划

人生有许多不确定性，所以，我们需要用一种保障手段来为自己和家庭撑起保护伞，于是就需要一个完备的保险计划。合理而全面地制订保险计划，需要遵从 3 个原则：

（1）只购买确定金额内的保险，每月购买保险的金额比重控制在月收入的 8% 为佳。

（2）不同阶段购买不同的保险，家庭处在不同的时期，所需要的保险也是不同的。

（3）根据家庭的职业特点，购买合适的保险。

四、投资计划

一个有经济头脑的人，不应仅仅满足于一般意义上的"食饱衣暖"，当手头现有的本金还算充裕的时候，应该寻找一种投资组合，把收益性、安全性二者结合起来，做到"钱生钱"。目前市场上的投资工具种类繁多，从最简单的银行储蓄到投机性最强的期货，一个成功的投资者，要根据家庭的财务状况等妥善加以选择。

五、退休计划

退休计划主要包括：退休后的消费、其他需求，以及如何在不工作的情况下满足这些需求。单纯靠政府的社会养老保险，只能满足一般意义上的养老生活。要想退休后生活得舒适、独立，一方面，可以在有工作能力时积累一笔退休基金作为补充；另一方面，也可在退休后选择适当的业余性工作，为自己谋得第二桶金。

六、个人所得税计划

个人所得税与人们生活的关联越来越紧密。在合法的基础上，我们完全可以通过调整理财措施、优化理财组合等手段，达到合法"避税"的目的，这会为自己节省一笔小小的开支。

七、遗产计划

遗产计划是把自己的财产转移给继承人，是对自己的财产进行的一种合理的财产安排。它主要是帮助我们顺利地把遗产转交到受益人手中。

以上是制订理财计划要设计的七大内容，各方面都需要考虑周全，没有主次之分，没有轻重缓急，都要一样地来对待。一个合理的理财计划是有很强的操作性的，所以设计这些内容的时候一定要具体化，落实到细节问题上，不能有模棱两可的选择，否则不仅会给自己带来不必要的麻烦，还会阻碍实现理财目标的步伐。所以我们一定要认真对待，全面考虑，想周全了再制订自己的理财计划。

理财圣经

>>>>>>>>

平时多看一些理财故事，网络上、报纸上、电视的财经节目里也会有。看看别人是怎么安排自己的各项理财计划的，可以参考他们的安排先制订一个雏形，然后细细地推敲。

制订理财计划的步骤

财富是很多人都追求的目标，有些人追得很有成就，而有些人却是越追越没钱。这是为什么呢？因为他们总想一夜暴富，不想一步一步、踏踏实实地致富。虽然定了目标，做了计划，但是并不合理。合理的理财计划是要有准备的，那么应该如何制订这个有准备的理财计划呢?

一、盘查自己当前的财务状况

把自己的收入、储蓄、生活消费和负债情况都一一盘查清楚，掌握自己当前的财务状况，把所有的收入、支出情况都一一列出来，制作成一张自己个人的资产表，以此来当作自己理财的开始。这也是制订理财计划必须要做的事情，是制订理财计划的第一步工作。

二、确定自己的理财目标

根据自己的财务状况确定一个大的理财目标。然后把这个大的理财目标分解成一个个可执行的、具体的目标。一定要分阶段来分析自己想要达到什么样的财富地位，因为具体的理财目标是理财计划中的重中之重。

三、选择适合的理财方式

每个人的性格不同，处事风格也不同，要根据自己的自身性格特点和当前的财务状况来选择一个适合的理财方式。因为不同的理财方式会带来不一样的理财风险，所以一定要慎重考虑。

四、制订并实施理财计划

在了解自己当前的财务状况的基础上确定了自己的理财目标，也选择了适合的理财方式，接下来的工作就是制订自己的理财计划并且实施理财计划。制订理财计划，是一个人所有的理财活动的先导，所以必须要花一定的心思制订好理财计划，还要严格执行制订好的理财计划。

五、重估并修改理财计划

制订好的理财计划不是一成不变的，它要跟随着人的理财需求的变化不断地进行修改。所以，最好每年检查一次理财计划。如果可以，邀请别人跟你一起来讨论你的理财计划。因为旁观者清，他们能够更客观地为你提供一些修改的建议。

以上就是制订一个理财计划的步骤，为了能让你更好地制订自己的理财计划，下面就为你提供一个关于其内容的模板。

（1）有理财的总目标（如要成为拥有多少资产的富翁）。

（2）将理财分为多个阶段，在各个阶段设一个中级理财目标。

（3）落实到最基础的目标。将各个阶段再仔细划分，一直落实到每天要达到一个怎样的低级理财目标。

（4）规划好每个阶段如何实现。例如，都通过什么方式、途径来实现这些目标。

（5）考虑意外事件。如果遇到各种意外情况，计划应当如何调整，或者如何应对。

除了上面这些，能否制订成功的计划还有一个关键性的因素，就是要"量体裁衣"，让它适合自己。每个人的人生经历不同、个人精力不同，因此各自设立的理财目标、阶段以及各种理财途径等都不同。

制订一份合适的理财计划是你对财产负责的表现。总之，想要修筑自己的财富城堡，这样的一份计划是不能少的。

理财圣经 >>>>>>>>

做每一件事都是有前有后的，只要自己真正亲自去执行，自然会知道它的步骤，因为没有上一步就做不了下一步，所以，不需要去死记硬背这些步骤，只需要去做就行了。

时期不同，理财计划也不同

根据人生各个阶段的不同生活状况，我们如何在有效规避理财活动风险的同时，做好人生各个时期的理财计划？一般情况下，人生理财的过程要经历以下六个时期，这六个时期的理财重心都不一样，所以我们要区别对待。简单讲解如下：

一、单身期：参加工作到结婚前（2～5年）

这个时期没有太大的家庭负担，精力旺盛，但要为未来家庭积累资金，所以，理财的重点是要努力寻找一份高薪工作，打好基础。可拿出部分储蓄进行高风险投资，目的是学习投资理财的经验。另外，由于此时负担较轻，年轻人的保费又相对较低，可为自己买点人寿保险，减少因意外导致收入减少或负担加重。

二、家庭形成期：结婚到孩子出生前（1～5年）

这一时期是家庭消费的高峰期。虽然经济收入有所增加，生活趋于稳定，但为了提高生活质量，往往需要支付较大的家庭建设费用，如购买一些较高档的生活用品、每月还购房贷款等。此阶段的理财重点应放在合理安排家庭建设的费用支出上，稍有积累后，可以选择一些风险比较大的理财工具，如偏股型基金及股票等，以期获得更高的回报。

三、家庭成长期：孩子出生到上大学（9～12年）

这个时期家庭的最大开支是子女教育费用和保健医疗费等。但

制订个人理财计划的技巧

没有正确的理财方向

要有一个科学系统的理财规划,并严格执行。另外,理财一定要尽早开始,长期坚持。最重要的是要愿意承担风险。

过度投资

有的人一味追求高利益,什么都想投资尝试,效果往往适得其反。过度投资会导致个人债务增大,生活压力增加,从而得不偿失。

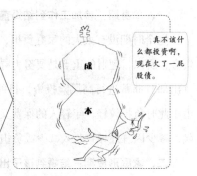

单一投资

一些人听到预计高收益率的产品,便一哄而上争相购买,却没有关注它的风险。他们往往会将资金投向单一的投资领域,一旦发生投资风险,财务危机便随之产生。

随着子女的自理能力增强，父母可以根据经验在投资方面适当进行创业，如进行风险投资等。购买保险应偏重于教育基金、父母自身保障等。

四、子女大学教育期：孩子上大学以后（4～7年）

这一阶段子女的教育费用和生活费用猛增，对于理财已经取得成功、积累了一定财富的家庭来说，完全有能力支付，不会感到困难，因此可继续发挥理财经验，发展投资事业，创造更多财富。而那些理财不顺利、仍未富裕起来的家庭，通常负担比较繁重，应把子女教育费用和生活费用作为理财重点，确保子女顺利完成学业。一般情况下，到了这个阶段，理财仍未取得成功的家庭，就说明其缺乏致富的能力，千万不要因急需用钱而盲目投资。

五、家庭成熟期：子女参加工作到父母退休前（约15年）

这期间，由于自己的工作能力、工作经验、经济状况都已达到了最佳状态，加上子女开始独立，家庭负担逐渐减轻，因此，最适合积累财富，理财重点应侧重于扩大投资。但在选择投资工具时，不宜过多选择风险投资的方式。此外，还要存储一笔养老金，并且这笔钱是雷打不动的。保险是比较稳健和安全的投资工具之一，虽然回报偏低，但作为强制性储蓄，有利于累积养老金和资产保全，是比较好的选择。

六、退休以后

退休以后应以安度晚年为目的，投资和花费通常都比较保守，身体和精神健康最重要。在这时期最好不要进行新的投资，尤其不能再进行风险投资。

任何时期的理财都是会有风险的，所以，我们在进行投资理财前，有必要先盘算一下自己承担风险的能力，再去制订自己的理财计划。因为任何人在承受风险时都有一定的限度，超过了这个限度，风险就会变成负担或压力，可能就会对我们的心理、健康、工作甚至家庭生活造成很大的伤害。为了自己和家人的健康，我们都有必要做好每个阶段的理财计划，这是非常重要的事情。

理财圣经　　　　　　　　　　　　　　　　　　>>>>>>>>

　　每隔一个月就调整一下理财计划，这样就能够保证自己的理财计划与时俱进，不脱离自己的实际生活而成为一张废纸。

第五章

你必须掌握的六大理财技能

端正自己的金钱观

金钱不是万能的，但是没有金钱又是万万不能的。金钱在我们的生活中扮演着非常重要的角色，我们每时每刻都不可避免地要与它打交道，所以端正自己的金钱观就显得非常重要。

在现在的商品经济社会，人须臾离不开钱。因此，人们必须设法赚钱，再用赚来的钱购买自己生活所需要的物质和服务。由于金钱的重要性，庸俗肤浅的人误把钱当成了人生的目标，从而变成了钱的奴隶，甚至出现了这样一种现象：用违背良心的办法赚钱，用损害健康的方法花钱。钱本来可以帮助一个人拥有幸福，可是人一旦成了钱的奴隶，钱就把一个人从精神到肉体彻底摧毁了。所以，我们一定要端正自己的金钱观，不能让金钱牵着自己的鼻子走。

那些能够成为亿万富翁的人都拥有正确的金钱观。他们明白，在人们的生活当中，最有意义的资源就是金钱，金钱是所有资源转换的媒介。在人生理财中，金钱具有重要的意义。不过回过头来说，钱的本质是为人所用，如果把钱举得高高的，见了钱便磕头作揖，自降为臣奴，也实不可取。钱物之类，有的用便足矣。但"有的用便足矣"是对普通人而言，对那些想成就大事业和想成为亿万富翁的人来说，可就不是简单意义上的"有的用便足矣"了。如果你要想成为有钱人，你还是要去追求金钱。那么，怎样的金钱观才是正确的呢？

亿万富翁们都秉持这样一种观念：金钱只是一种工具，但不是人生的目的，绝不要做金钱的奴隶，一定要端正自己的金钱观。

被誉为日本经营之神的松下幸之助的经营业绩举世瞩目，他的经营哲学尽善尽美。他创立并领导的松下电器公司，总资产逾千兆日元，总销售额近5兆日元，员工总数多达25万人。

松下幸之助说："为了达到目的而工作，为了使达到目的的工作更有效率，就必须要用金钱去激励员工。所以说，金钱是一种工具，最主要的目的还是在于提高人们的生活水平。"松下对金钱的态度是创造财富而不守财。他认为：一个人不能当财产的奴隶。他说："财产，这东西是不可靠的！但是，办一项事又必须有钱。在这种意义上说，又必须珍视钱财。但'珍视'与'做奴隶'是两回事，应该正确对待，否则，财产就会成为包袱——看起来你好像是有了钱，实际上它却使你受到牵累。这是人类的一种悲剧。"

松下幸之助的金钱观是值得我们学习的，他让人们不要做金钱的奴隶，要时时想到更远大的目标。不要只盯着眼前的一点利益而斤斤计较。有些人无法端正自己的金钱观，整天都在为了钱而工作，他们害怕没有钱，不愿面对没钱的恐惧，天天为了那一点钱而疲于奔命。甚至有些人还为了区区那么一点钱而做一些伤天害理的事，最终惶惶

树立正确金钱观，理出好生活

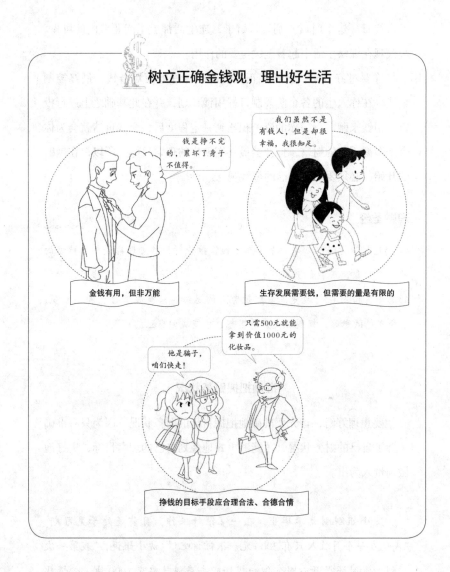

不可终日。这个时候，别说理财了，连生活都成了问题。由此可见，金钱观在理财生活中起着至关重要的作用。

你要过好日子，就要端正金钱观，冷静地面对金钱，最终控制金钱。在你人生的各个阶段制订好用钱计划，并在此基础之上进行投资，用钱来赚钱，等你的资产积累到一定程度后，金钱自然就会为你带来源源不断的财富，你便会最终实现你的理财目标。所以，在理财的开始，必须要端正自己的金钱观。

理财圣经 >>>>>>>>

光有钱行吗？如果一个人有了钱，他的行为和心理都是一个典型的暴发户形象，那我们只能说，他仍然是一个穷人，虽然他有钱了，但他的思维并没有任何改变，依然是穷人的思维。只有端正自己的金钱观，改变自己的思维，摆脱暴发户的思想，才能成为真正的富人。

准确把握财务状况

要想理好财，首先要准确地把握自己的财务状况。因为只有准确掌握了自己的财务状况，才能够更好地规划自己的理财目标，更好地做到量入为出。

沈小姐刚刚大学毕业，在一家银行工作，目前还处于见习期。"我现在每个月收入只有3000元。很惊讶吧！"沈小姐说，"我第一次拿到工资时还很开心呢，但一想到回去房租就要交1000块，心情就跌到谷底。"虽然这样，她每个月还是会到大型商场买衣服，换各种包包，渴了就买饮料喝……林林总总，每个月下来也就基本上不剩什么钱了。

　　沈小姐的心情差不能怪工资太少，而只能怪她没有准确把握自己的财务状况，没有量入为出，没有做好理财规划。一个月只挣3000元的工资，却要租1000元的房子，还到大商场买衣服。这种消费对一个月收入只有3000元的人来说是非常奢侈的生活，是很不实际的理财方式。那么，对于你的财产，你了解多少？你能在一分钟之内说出你有多少存款、有多少投资、有多少负债吗？相信大多数人都不能。连自己的钱，你都不能做到胸中有数，又怎么能奢求它给你带来无尽的财富呢？这就凸显出准确把握财务状况的必要性了。

　　财务状况大体上分为两方面，一个是资产情况，另一个是负债情况。

　　资产情况是指一个家庭或者个人所拥有的能以货币计量的财产、债权和其他权利，但名誉等无形资产因其不可计算性，一般不列入理财中的资产范围。资产都包括什么？它可以根据不同的分类方法划分出不同种类。如可根据财产流动性的大小分为固定资产和流动资产，也可以根据资产的属性分为金融资产、实物资产、无形资产等。不过在理财中，可将其做如下划分：

　　◇固定资产

　　固定资产指在较长时间内会一直拥有、价值较大的资产，如住房、汽车、较长期限的大额定期存款等。一般指实物资产。

　　◇投资资产

　　投资资产主要指进行旨在能够带来利息、赢利的投资活动，承担一定风险的资产，如股票、基金、债券等。

◇**债权资产**

债权资产指对外享有债权，能够凭此要求债务人提供的金钱和服务的资产。

◇**保险资产**

保险资产指用来购买社会保障中各基本保险以及个人另投保的其他商业保险的资产。

◇**个人使用的资产**

个人使用的资产指个人日常生活中经常使用的家具、家电、运动器械、通信工具等价值较小的资产。

负债情况又包括哪些内容呢？根据时间的长短，可分为短期和长期负债。

◇**短期负债**

短期负债指一年之内应偿还的债务。

◇**长期负债**

长期负债一般指一年以上要偿还的债务。具体来说，这些债务包括贷款、所欠税款、个人债务等。

在了解了资产和负债的基本情况后，请对自己的资产状况做一下对比评估。如果目前你的资产和负债基本能保持平衡或者略有盈余，表明你的资产情况良好。若负债大于家庭资产，则表示你的资产情况有问题，应及时予以调整，必须要量入为出。做到量入为出，你也就掌控了自己的消费，掌控了自己的欲望，掌控了自己的财富。尽量将负债控制在自己可掌控的范围内。

通常来说，一个人的资产情况要讲求平衡，完全是资产而没有负债是不现实的，而完全都是负债，却没什么资产又是非常危险的。只有在平衡或者略有盈余后，资产情况才能呈现出最佳状态，才能够更顺利地实现自己的理财目标。

理财圣经

　　坚持每天记账，每天分析自己的账本，尽量做到对自己的资产数量"胸中有数"。

掌握好记账方法

　　记账是一种很好的理财方式，它能够让我们清楚地了解自己的收入和支出，更好地掌控好自己的资产。而要用好这个理财助手，就要掌握好记账的方法。

　　那么该如何做好记账工作呢？

　　首先，一般人最常采用的记账方式是用流水账，按照时间、花费、项目逐一登记。若要采用较科学的方式，除了需要忠实记录每一笔消费外，更要记录采取何种付款方式，如刷卡、付现或是借贷。

　　其次，要特别注意记好钱的支出。

　　再次，要搜集整理好各种记账凭证。如果说记账是理财的第一步，那么集中凭证单据则是记账的首要工作，平常消费应养成索取发票的习惯。平日在收集的发票上，清楚记下消费时间、金额、品名等项目，如没有标识品名的单据最好马上加注。

　　最后，银行扣缴单据、捐款、借贷收据、刷卡签单及存、提款单据等，都要一一保存，最好放置在固定地点。凭证收集全后，按消费

个人理财记账四部曲

整理支出票据

$\downarrow$

消费支出一定要保留各种票据，其意义在于保证账本数据的可靠性。

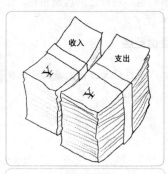

收支分门别类

$\downarrow$

对收支分门别类，进一步细化，这样分析账本才会更容易。

分析支出合理性

$\downarrow$

在账本中，要对各项消费的合理性进行分析，这样才有利于控制支出。

制定支出预算

$\downarrow$

记账的关键在于制定支出预算，并严格执行。需要注意的是，预算一定要有可执行性。

性质分成食、衣、住、行、育、乐六大类，每一个项目按日期顺序排列，以方便日后的统计。

除了记下平时生活花费以外，还要有家庭财产记录。

有人将钱放在棉被或衣服的夹层中，有人开一个秘密账户，与朋友合伙或借钱给朋友等。由于种种原因不愿告诉家人，借据、凭证或业务上的安排家人都不清楚，如果突然有一天他还来不及通知家人就出事了，银行的存款可能就成了公共财产，借出的钱可能永远收不回来，合伙的财产被别人吞了，而夹层里的重要东西也很可能被当成破烂丢掉。拥有自己的秘密不是罪过，但如何才不会使我们的钱财凭空飞掉，又能保住秘密呢？将自己所有的财产登记入账是非常必要的。

以上是记账的内容，至于采用哪种形式要根据自己的情况选择一个适合自己的。现在记账的形式很多，主要有以下几种：

一、人工记账

人工记账是最容易的方式，只要准备一支笔和一个小本子就够了。随时把自己的收支情况记录下来。但是，它有一个让人很头疼的问题，就是要进行很多的数字计算。这是它的不足之处。

二、电脑或手机软件记账

电脑或手机软件记账也就是在电脑或手机中安装专门记账的软件。这种方法相对来说更方便快捷，而且手机软件还能随时记录。

三、网站记账

这需要电脑或手机，但跟电脑或手机软件记账不一样，它必须要上网才能进行。大家通过网络把自己的账目跟网上的朋友们交流，这样可以更有效地修订自己的理财计划，可以说是一举两得的事情。但需要注意保护个人隐私。

不管采用哪种方式，它都是记账，记录的内容都是一样的。记账只是一种使自己了解财务状况的方法，一种控制金钱的手段，这里所说的记账并不是狭义的记下每天的现金账，而是你各项开支和财产记录。这些家庭财产的实际记录，不但能够帮助你合理使用每一分钱，而且能够在意外发生时令家人避免不必要的损失，是理财必不可少的，一定要掌握好记账的方法。

理财圣经

>>>>>>>>

不管用什么方法，选择自己最喜欢的方式，可以是别人看不懂的，但一定要自己看得懂。

学会准确评估理财信息

在投资理财的过程中，很多想法和决策都是由一条条珍贵的信息触动的，很多投资的机遇也是依靠珍贵的信息才捕捉到的。可以说，如果没有信息，就不会有那些投资成功者的财富！但是，这些信息中，有的是可以促进你获得成功的，而有的是负面的，它们不但不会对你的工作产生促进作用，还会产生阻碍作用。还有些信息本身就是假信息，它会带你走上弯路甚至歧途。所以，为了不让自己的理财走上弯路，最好学会准确评估理财信息。

布朗先生是美国某肉食品加工公司的经理，一天，他在看报纸的时候，看到一个版面上有以下几条信息：美国总统将要访问东欧诸国；部分市民开始进行反战游行；英国一科学研究室称未来10年有望克隆人体；墨西哥发现类似瘟疫病例，等等。看到这些信息，他的职业敏感性马上让他嗅到了商业机会的气息。他意识到"墨西哥发现类似瘟疫病例"这条信息对自己很重要。他马上联想到：如果墨西哥真的发生瘟疫，则一定会传染到与之相邻的加利福尼亚州和得克萨斯州，而从这两个州又会传染到整个美国。事实是，这两州是美国肉食品供应的主要基地。果真如此的话，肉食品一定会大幅度涨价。于是他当即派医生去墨西哥考察证实，查证结果是：这条信息是真实可信的，墨西哥政府已经在想办法联合美国部分州政府共同抵御这场灾难了。于是，他立即集中全部资金购买了加利福尼亚州和得克萨斯州的牛肉和生猪，并及时运到东部。果然，瘟疫不久就传染到了美国西部的几个州，美国政府立刻下令禁止这几个州的食品和牲畜外运，一时美国市场肉类奇缺，价格暴涨。布朗在短短几个月内，净赚了900万美元。

布朗先生就是从报纸上的一条"墨西哥发现类似瘟疫病例"这条信息发现商机的，但是他并没有一看到信息就信以为真，立马着手布局自己的商业计划，他是派医生去证实之后才开始策划的。从中我们可以看到，理财的信息到处都有，只要你用心，你就能够在这些信息中发现巨大的商机，但前提是必须准确地评估信息的正确性。

况且在这个信息时代，小道消息几乎充斥每个角落，不只是旁人或路人谈及，还有那些电视财经档、报纸专刊……小道消息四处乱窜，随时飞入耳朵，稍不注意，它就会在你脑中钻洞，左右你的情绪和抉择。无数的股评、专家每天发表高见，让你心潮澎湃，难免做出冲动的举措。所以，要想成功地理财就要学会准确评估理财信息。

如果你到现在还在听信亲戚朋友所谓绝不外传的"密报"，或是迷信某财经强档节目主持透露的"内幕"，又或是某火暴基金博客的"独家眼光"，从而去申购或者赎回，那么，就请你趁早收手吧。因为以这种投资方式理财，连百万富翁也会迅速崩溃，对于一般的投资理财者，更无异于"谋杀"自己辛苦积累的财产，何必让自己白忙活一场呢？要知道，真相不可能出自知情人之口，这是投资理财游戏的规则。聪明的人会用理性，会用知识去判断自己所得到的消息的真正含义，而并不是不经过考虑，听说股票会涨就追价买进，听说股票会跌就割肉认裁。在这之中，很可能有些流言还别有用心，这就更需要我们明辨真伪了。所以，在理财的过程中一定要学会准确评估理财信息。

理财圣经   >>>>>>>>

面对自己将要采取的理财措施，既要考虑收益，也要考虑风险，只要做到合理安排，遇事少冲动、多考虑，就会减少风险，达到预期目的。

合理分散理财风险

在理财的生活中，大家经常听到这句话："别把鸡蛋放在同一个篮子里。"这句话是告诫各位理财者要注意合理分散理财风险。因为分散理财风险会让你走得更远更长。

那么在理财世界里，都存在哪些风险呢？

◇**市场风险**

市场风险指因股市价格、利率、汇率等的变动而导致价值未预料到的潜在损失的风险。

◇财务风险

财务风险是指你投资了某个公司的股票或者债券，由于这个公司经营不善，导致股价下跌或者无法收回本金和利息。也就是说，投资得不到最初预想的收获。

◇利率风险

利率风险是指由于储蓄利率的上升，导致债券投资人的回报损失。

◇通胀风险

通胀风险是指因通货膨胀引起货币贬值造成资产价值和劳动收益缩水的风险。

◇行业风险

行业风险是指由于行业的前景不明带给投资者的风险。

◇流动性风险

流动性风险是指资产无法在需要的时候变换成现金。像房地产和一些收藏品就不太容易变现，它们的流动风险相对就比较高。

以上的风险是在理财中都普遍存在的，不要因为看到这么多种类的风险就害怕去投资理财。其实理财并不像你想象的那么难，只要合理分散理财风险，还是可以确保自己能够得到丰厚的回报的。要想做到合理分散理财风险，就不要把所有的钱都放在一种投资上面，尽量做到全面兼顾。

◇投资债券

投资债券的时候，既要买国债也要买企业债券。国债利率一般都高于同期的储蓄，也能够提前支取、可以按照你实际持有的天数计算

选准适合自己的投资组合

投资组合就是由投资人或金融机构所持有的股票、债券、衍生金融产品等组成的集合，它的目的在于分散投资风险。

冒险速进型

期货
股票
房地产
储蓄

风险和收益水平都很高，投机的成分比较重。适用于收入颇丰、资金实力雄厚、没有后顾之忧的个人投资者。

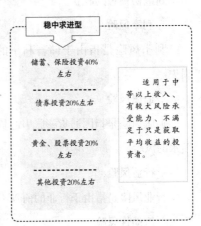

稳中求进型

储蓄、保险投资40%左右

债券投资20%左右

黄金、股票投资20%左右

其他投资20%左右

适用于中等以上收入、有较大风险承受能力、不满足于只是获取平均收益的投资者。

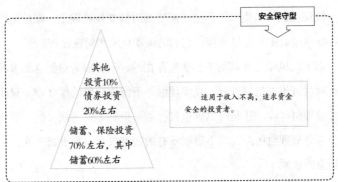

安全保守型

其他投资10%
债券投资20%左右

储蓄、保险投资70%左右，其中储蓄60%左右

适用于收入不高，追求资金安全的投资者。

值得注意的是，个人投资无论采取什么样的投资组合模式，无论比例大小，储蓄和保险都应该是个人投资中不可或缺的组成部分。

利息。企业债券的风险要比国债大，但是利润会比国债高。

◇ **储蓄**

储蓄是一种最便利、最安全、最稳定的投资项目，一般人都会选择储蓄作为自己的理财投资，但是从中获利很低。如果还没想好其他的投资项目之前，储蓄是最好的选择。

◇ **股票**

股票是一种高风险的投资。但是有高风险必然会有高回报，只要你有一定的股票知识，不盲目跟风，有一定的分析能力，拿出一点资金试试也没关系。

◇ **消费**

当银行利率很低，储蓄没什么回报的情况下，选择消费是比较明智的。因为在这个时候，国家政策总是支持扩大内需，所以该消费的时候就要消费。

以上所介绍的投资理财类型要组合起来进行投资，只有这样才能够做到合理分散理财风险。不同的人会选择不同的投资组合，而不管你选择什么样的组合，最重要的是要适合自己。你必须寻找到适合自己的投资组合，才能在理财的路上走得更远。构建完自己的投资组合后，你便可以安心等待获利时机的到来。不过每过一段时间，你应当检查一下自己的投资组合，看是否需要调整，以免因为经济市场出现重大变化时，来不及改变投资组合而受到影响。

不管你采用哪种投资组合方式，都要做到合理分散理财风险，时刻要谨记以下几点：

（1）防范风险。虽然你是分散了风险，但还是有风险的存在。理财讲究的第一个条件就是安全，能规避的风险就要努力去避开它。

（2）警惕被骗。现在社会上的诈骗案件很多，你要提高谨慎的意识，警惕非法集资之类的诈骗行为。

（3）多思考。尽可能地让自己的资产在最安全的条件下获得最大的理财效益。

理财圣经

>>>>>>>

分散理财产品的风险，应关注产品的长短期限搭配、投资目标市场在发达经济体市场和新兴市场之间的平衡等。

做好收支记录

对于大部分人来说，生活过日子，收支安排得是否合理，离不开收支记录。每天记一记，把自己的财务状况数字化、表格化，不仅可轻松得知财务状况，更可替未来做好规划。

考虑一个人的财务应该从两个方面来想：一是钱从哪里来，二是钱向哪里去，也就是一"收"一"支"。资金的去处分成两部分，一部分是经常性支出，即日常生活的花费，记为费用项目；另一部分是资本性支出，记为资产项目，资产提供未来长期性服务。比如花钱买一台冰箱，现金与冰箱同属资产项目，一减一增，如果冰箱寿命是5年，它将提供中长期服务。而经常性支出的资金来源，应以短期可运用的资金支付，如外出就餐、购买衣物的花费应以手边现金支付。

收支财务状况是实现理财目标的基础，只有对自己的财务状况做到胸中有数才能够为实现自己的理财目标做好规划。要想了解自己的财务状况，就要做好收支记录。只要逐笔记录自己的每一笔收入和支

收支记录记什么

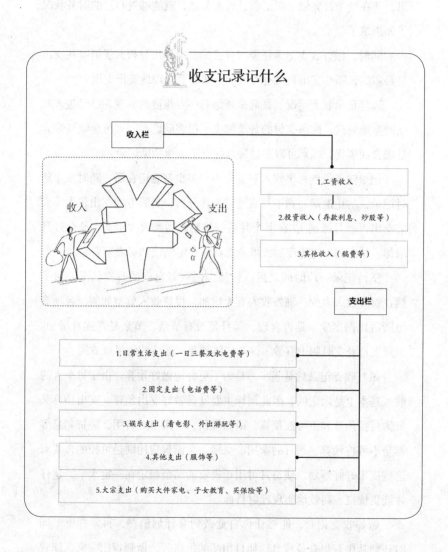

收入栏

收入 支出

1.工资收入

2.投资收入（存款利息、炒股等）

3.其他收入（稿费等）

支出栏

1.日常生活支出（一日三餐及水电费等）

2.固定支出（电话费等）

3.娱乐支出（看电影、外出游玩等）

4.其他支出（服饰等）

5.大宗支出（购买大件家电、子女教育、买保险等）

出，并在每个月底做一次汇总，久而久之，就能够对自己的财务状况了如指掌了。

同时，做好收支记录还能对自己的支出作出分析，了解哪些支出是必需的，哪些支出是可有可无的，从而更合理地安排支出。

逐笔记录收支情况，做起来还是有一点难度的。现在已经进入互联网金融时代，网络支付的普及解决了很多问题。一来可免除携带大量现金的烦扰，二来可以通过每月的电子账单帮助记录。

记录时要做到每笔收入和支出不论多少都登记在册，随时发生随时记录，防止遗漏。到了月底进行统计分析，看哪方面支出较大（大宗支出可逐月摊销），在下个月适当控制，做到收大于支，盈余逐月增加。结余到一定程度后，可考虑将钱存定期或购买大宗商品。

坚持记录一段时间之后，你便会做到对自己的收支状况一目了然：每月收入多少，额外收入有无增加，投资收入效益如何，各项支出所占比例多少，是否合理，每月是否有节余，节余是否逐月增加。做到安排开支时胸中有数，该花的钱就花，能节约的尽量节约。

做好收支记录只是起步，是为了更好地做好预算。由于每个人的收入基本上是固定的，因此预算主要就是做好支出预算。支出预算又分为可控预算和不可控预算，诸如房租、公用事业费用、房贷利息等都是不可控预算，每月的家用、交际、交通等费用则是可控的，要对这些支出好好筹划，使每月可用于投资的结余稳定在一定水平，这样才能更快捷、高效地实现理财目标。

做好收支记录，能够让你自觉做到有计划消费，科学理财。同时还能从中获得有益信息，如日用品的价格等，做到货比三家，能省便省，并能起到备忘录的作用，记下购买商品和收入支出的时间、金额，做到有账可查。所以，做好收支记录是非常重要的，是理财路上的好助手。

理财圣经 >>>>>>>>

多利用网上银行，它能够让你方便快捷地查阅、管理自己的收支情况，至少每个月都要查询，这样才能清楚自己的钱都流去了哪里。

第六章

量力而行，选择适合的理财工具

投资基金，争做新时代的"基民"

相信终日为钱奔波的上班族都曾有过这样的体验，眼看着周围的朋友因为投资股票或者基金挣了钱，换上了名牌，开上了轿车，自己却还是平民一个，吃穿都要时刻算计，心里十分不平衡。但是银行卡里的数字又不会跳动，怎么可能让自己变得有钱呢？投资股票和基金风险大，万一赔了亏不起。此时，你该怎么办？

在这个年代，你若还是个"储民"，那就有点老古董了，现代人赚钱的理念就是——进行风险投资。可能在你眼中，投资股票的风险自己无法负担，那你可以选择基金，变成新时代的"基民"。不要再羡慕别人了，与其浪费时间，还不如加速自己的财富蜕变吧！

陈先生是个有名的车迷，很早以前就有买车的想法。从动了念头的那天开始，他便学开车、拿驾照，逛车市、看车展，总之，只要是和车有关系的，他都会关注。

原本买车是家人都大力支持的事情，可是家里经费紧张，就一而再再而三地往后推，总也买不成。这买车的事就成了陈先生的一块心病。

直到前三年，事情才有了转机。当时股市开始进入牛市，他有很多朋友都靠基金赚了钱。他想：为什么不试试投资基金？于是他立刻行动起来。

他发现当时南方高增的行情非常看好，立刻就投入了两万元，果然不长时间，他的钱就到了五万元，见到收获颇丰，他立即又买了几只当时比较好的基金。在过了不到三年的时间里，就基本凑足了买车的钱。随后，陈先生就拿着钱兴高采烈地跑到车展会上选购了一辆心仪已久的车，他逢人便说："这回咱也是有车族啦！"

投资基金使陈先生成为有车族，实现了他的财富梦想。

说起基金市场，它在我国存在的年头虽然不长，但是已经有了巨大的发展。如今，走在路上，大家的话题都开始围着基金打转，甚至在公交车上你会听到有人在打电话的时候提到基金。可能你也已经开始接触基金了，但你是否真正地了解它呢？

基金是指通过发售基金份额，将众多投资人的资金集中起来，形成独立财产，由基金托管人托管，基金管理人管理，是一种实行组合投资、专业管理、利益共享、风险共担的集合投资方式。通俗地说，就是将投资大众的闲散资金交由专家管理，由他们凭专业知识进行专业理财。如果赚钱则扣除相关的费用后，按份额将赢利以不低于90%的比例对投资人进行分配，而且依目前的法律必须用现金分配；如果亏损，投资人按份额承担损失。

如何挑选好基金

定义

基金是指为了某种目的而设立的具有一定数量的资金。例如，信托投资基金、单位信托基金等。

在选择基金时，业绩是衡量基金好坏的重要指标。

专家提醒，基金怎么买才能获利，挑选基金公司很关键。基民们在购买基金时，首先要挑选信誉好、以往业绩好而且规模较大的基金公司，基民们可以通过每年的基金公司排名榜，了解各基金公司的实力。

投资基金作为基金品种中的一种，它是通过向社会公开发行基金单位筹集资金，并将资金用于证券投资。基金单位的持有者对基金享有资产所有权、收益分配权、剩余财产处置权和其他相关权利，并承担相应的义务。

基金的出现标志了金融业的成熟。它由于自身的优势，越来越引起广大投资人的关注。现在，许多投资人因为高风险而不欣赏股票，又因低收益而不喜欢储蓄。基金刚好能够综合二者的优势，于是国内很快就掀起了一阵购买基金的热潮。

投资基金并不难。基金市场上主要有以下几类人组成：基金投资人、基金管理公司、基金托管人。

这几类人存在以下关系：

（1）委托关系。在基金投资的过程中，基金投资人并不亲自管理基金，而是委托基金管理公司和基金托管人对其财产进行管理。基金管理者和托管人通过聚集零散的社会资金来进行新的投资。既然是委托关系，则基金收益的受益人也是基金投资人。而投资人的资金与基金管理公司和基金托管人的自有财产相互独立。

（2）风险关系。基金投资人将资金委托给基金的管理人和托管人，就要承担相应的风险。而基金管理者并不承担经营风险，基金托管人是有托管资格的商业银行，也不承担风险。所以，挑选优秀的基金管理人十分重要。投资回报的高低主要取决于管理人的实战经验和理论知识。

（3）管理和保管关系。在基金管理人和投资人之间，再细点来说就是委托管理的关系，而基金托管人和投资人之间是委托托管关系。资产的管理和保管不在一个机构进行，相互分工明确，也就防止了基金被恶意挪用，从而保证了基金投资人的财产安全。

理财圣经

当我们的资产略有剩余时，为求安全保障，将自己积攒多年的银行存款拿出来交给基金专家打理，不失为一种良好的投资理财方式。

股票投资：收益与风险并存

随着我国经济的稳步发展，投资股票的人越来越多。股票投资已成为普通百姓的最佳投资渠道，特别是对于希望实现财富梦想的投资人来说更是如此。

股票作为一种高风险、高收益的投资项目，它具有以下特点：

（1）变现性强，可以随时转让，进行市场交易，换成现金，所以持有股票与持有现金几乎是一样的。

（2）投机性大。股票作为交易的对象，对股份公司意义重大。资金实力雄厚的企业或金融投资公司大量买进一个公司的流通股和非流通股，往往可以成为该公司的最大股东，将该公司置于自己的控制之中，使股票价格骤升。相反的情况则是，已持有某一公司大量股票的企业或金融投资公司大量抛售该公司的股票，使该股票价格暴跌。就这样，股票价格的涨跌为投资人提供了赢利机会。

（3）风险大。投资人一旦购买股票便不能退还本金，因而具有风险性。股票投资人能否获得预期报酬，直接取决于企业的赢利情况。一旦企业破产，投资人可能连本金都保不住。

股票有着让人变成富豪的魔力。可以说，现在的世界富翁，财富

买卖股票的基本原则

在股票投资中，如果遵循正确的原则和买卖纪律，高收益和低风险是可以并存的。以下是投资者在股票买卖过程中应遵循的买卖法则。

大盘原则

大盘下跌时尽量空仓或轻仓，大盘盘整时不贪，有10%或以下的利润就考虑平仓，大盘上攻时选择最强势的个股持有。

板块原则

大盘上攻时，个股呈现板块轮涨的特征，判断某一时期的主流板块，选择板块中的龙头追入。

价值原则

选择未来两年价值增长的股票，至少未来一年价值增长。记住价格围绕价值波动的价值规律。

资金流原则

资金流入该股票，慎防股票的获利回吐。

资金管理

现金永远是最安全的，定期清仓，保障资金的主动性，等待机会，选择合适的时机重新建仓。

趋势原则

股价呈现向上波动的趋势。

共振原理

价值趋势向上，价格趋势向上，股票价格短线、中线、长线趋势向上。基本面和技术面都无可挑剔的股票是最好的股票。

努力避免浮亏

正确地选择买点和卖点是避免被套的良方，写下买进和卖出的原因，严格地遵守买卖纪律，就能保障资金的主动性，虽然有时候要付出微亏的代价。

大部分都来自股票投资。而股神巴菲特，其财产几乎全部来自投资股票获利。可见，投资股票真的是致富的绝佳途径。

股票投资同其他投资项目比起来有很多优势：

（1）股票作为金融性资产，是金融投资领域中获利性最高的投资品种之一。追求高额利润是投资的基本法则，没有高利润就谈不上资本扩张，获利性是投资最根本的性质。人们进行投资，最主要的目的是获利。获利越高，人们投资的积极性就越大；获利越少，人们投资的积极性就越小。如果某一种投资项目根本无利可图，人们即使让资金闲置，也不会将资金投入其中。当然这里所说的获利性是一种潜在的获利性，是一种对未来形势的估计。投资人是否真能获利，取决于投资人对投资市场和投资品种未来价格走势的预测水平和操作能力。

（2）同其他潜在获利能力很高的金融投资品种相比，股票是安全性较好而风险性相对较低的一种。人们通常认为，风险大，利润也大；风险小，利润也小。既然要追求高额利润，就不可能没有风险。其实，不仅仅是股票有风险，其他任何投资都有风险，只是风险大小不同而已。

从近十年来的经验教训看，股民亏损的很多，但赚钱的也不少，一部分中小股民的亏损将另一部分中小股民推上了百万、千万甚至亿万富翁的宝座，亏损者的损失可谓小矣，而获利者的收获就堪称巨大了。

（3）股票投资的可操作性极强。一般说来，金融性投资的可操作性要高于实物性投资的可操作性。可操作性强与不强，其一体现在投资手续是否简便易行，其二体现为时间要求高不高，其三是对投资本钱大小的限制。金融性投资的操作方法和手续十分简便，对投资人的时间和资金要求也不高，适合大多数的投资人。在金融性投资中，股市（包括在证交所上市交易的股票、投资基金、国债和企业债券）的可操作性最强，不仅手续简便，而且时间要求不高，专职投资人可以一直守在证券交易营业部，非专职股民则比较灵活，一个电话即可了解股市行情，进行买进卖出，有条件的投资人还可以直接在家里或在办公室的网上获知行情。而且投资于股票几乎没有本钱的限制，有几千元就可以进入股市。在时间上完全由投资人自己说了算，投资人可以一直持有自己看好的股票，不管持有多长时间都可以，炒股经验一旦学到手便可以终身受益。此外，国家通过行政手段不断规范股市各种规章制度，注意保护广大中小投资人的利益，从政策上也保障了投资人的财产安全。

理财圣经

>>>>>>>>

当你进入股票市场时，就等于走进了一个充满各种机会与陷阱的冒险家乐园，其中大风险与大机遇同在。

保险：幸福人生的保障

如果我们把理财的过程看成是建造财富金字塔的过程，那么买保险就是为金字塔筑底的关键一步。很多人在提起理财的时候往往想到的是投资、炒股，其实这些都是金字塔顶端的部分。如果你没有合理的保险做后盾，那么一旦自身出了问题，比如失业、大病，我们的财富金字塔就会轰然倒塌。没有保险，一人得病，全家致贫。如果能够未雨绸缪，一年花几千块钱，真到有意外的时候可能就有一份几十万元的保单来解困，何乐而不为呢？

虽然许多人能接受保险的观念，但又担心保费的问题，因此延误投保的时机。人生中许多不可错失的机会，就在这迟疑中蹉跎了。聪明的人会开源节流，为家庭经济打算，投保就是保障生计的最佳方法。

遭到意外的家庭其收入来源有四：亲戚、朋友、他人救济或保险理赔，其中，没有人情压力的保险当然是最受欢迎的。保险费是未来生活的缩影，比例是固定的，真正贵的不是保险费，而是生活费。倘若我们今天选择了便宜的保险费，相对地，代表来日我们只能享受贫穷的生活水准。你一定不愿意让家庭未来的生活水准打折扣，那么今日的保险投资就是值得的，何况它只是我们收入的一小部分而已。以小小的付出，换得永久的利益和保障，实在划算。

许多人认为，买保险是有钱人的事，但保险专家认为，风险抵抗力越弱的家庭越应该买保险，经济状况较差的家庭其实更需要买保险。成千上万元的医药费，对一个富裕家庭来说可以承受，但对于许多中低收入的家庭则是一笔巨大支出，往往一场疾病就能使一个家庭陷入经济困境中。"对于家庭经济状况一般的市民来说，应首先投保保障型医疗保险。"

保险专家举例说，如果一个29岁以下的市民，投保某保险公司的保障型医疗保险，每年只需缴300多元（平均每天1元）的保费，就可同时获得3000元/次以下的住院费、3000元/次以下的手术费，以及住院期间每天30元的补贴；如果是因为意外事故住院，则还可以拥有4000元的意外医疗（包括门诊和住院），而且不限次数，也就是说被保险人一年即使有几次因病住院，也均可获得相应保障；万一被保险人不幸意外身故或残疾，还可一次性获得 6 万元的保险金。保险专家提醒，保险和年龄的关系很密切，越早买越便宜，如果被保险人在 30 ～ 39 岁，相应的保障型医疗保险保费则会提高到 400 元。

人在一生中最难攒的钱，就是风烛残年的苦命钱。人们在年轻时所攒的钱里，本来 10% 是为年老时准备的。因为现代人在年轻时不得不拼命工作，这样其实是在用明天的健康换取今天的金钱；而到年老时，逐渐逝去的健康也许要用金钱买回来。"涓滴不弃，乃成江河"，真正会理财的人，就是会善用小钱的人，将日常可能浪费的小钱积存起来投保，通过保险囤积保障，让自己和家人能拥有一个有保障的未来。

要想让保险更加切合我们的需求，充分担当起遮风挡雨的作用，就应该与寿险规划师进行深入交流，让寿险规划师采取需求导向分析的方式，从生活费用、住房费用、教育费用、医疗费用、养老费用和其他费用等方面来量化家庭的具体应该准备的费用状况，绘制出个别年度应备费用图和应备费用累计图，同时了解家庭的现有资产和其他家庭成员的收入状况，制作出已备费用累计图。将应备费用累计图和已备费用累计图放在一起比较，得出费用差额图，确切找出我们的保障需求缺口。有的时候，缺口为零或是负数，那就说明这个客户没有寿险保障的缺口。

找到缺口后，再根据这个缺口设计出具体的解决方案。根据不足费用的类别和年度分布状况，以及客户年收入的高低和稳定性，在尽量使保险金额符合需求缺口的前提下，选择各种不同的元素型产品，根据客户的支付能力进行相应调整，设计出一个组合的保险方案，以这种方式来做保险规划，是基于家庭真实需求和收入水平的做法，当然是最适合家庭的方案。而且，通过寿险规划师每年定期和不定期的服务，进行动态调整，以此做到贴身和贴心。

所以说，保险是幸福人生的保障，有了人身的保障才能进行其他投资。

学会分清投保人、被保险人和受益人

想买一份保险，却连投保人、被保险人、受益人三大主体关系都分不清楚，面对客户经理专业的讲解，最终还是一头雾水，不知道哪栏该填哪个人，怎么办？下面让我们了解一下这三者的关系吧。

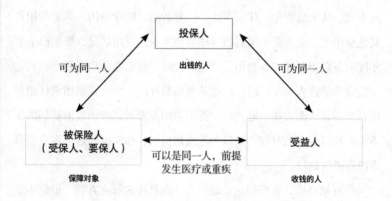

投保时，被保险人填写时要慎重，因为一旦确定，就不可以再更改，但投保人和受益人可以更改，更改时必须经过被保险人同意。

俗话说"攘外必先安内"，如果你和家人的健康能够得到很好的保障，你们的财产能够得到充分的保护，生活也就轻松很多了。保险，就是这样一个理财工具，它为你的生活提供更多安全，带来更大改变。

黄金投资的品种

黄金藏品虽然样式繁多，但是归根结底只有五大类，即金块、金条、金币、金饰品和纸黄金。其中，纸黄金实际上是由银行办理的一种账面上的虚拟黄金。接下来，就让我们按照顺序介绍一下黄金投资中的各个成员。

一、实物金

实物黄金买卖包括金条、金币和金饰品等交易，以持有黄金作为投资。一般的金饰品买入及卖出价的差额较大，视作投资并不适宜，金条及金币由于不涉及其他成本，是实金投资的最佳选择。

实物黄金投资额较高，实质回报率虽与其他方法相同，但涉的金额一定会较低——因为投资的资金不会发挥杠杆效应，而且只可以在金价上升之时才可以获利。需要注意的是持有黄金并不会产生利息收益。如不提取实金，银行可代为托管，但是购买和回购成本较高，还有一些银行则不能回购。专业的黄金投资公司回购比较方便，但一般只受理该公司出售的黄金回购业务。因此投资实物黄金还有个缺点需要支付储藏和回购费用。

初级黄金投资者的三大法则

选择适合自己的黄金投资方式

　　黄金理财方式丰富，相对于股票、国债、基金等传统投资品种，黄金理财对大多数投资者仍然陌生，一定要选择合适的投资方式。

应该选择什么投资方式呢？

30%

70%

■ 黄金投资
□ 其他用途

控制黄金投资的比例

　　黄金对于普通投资者，最好的定位应该是一种财产分配方式，一般控制在家庭资产的30%以内为宜。

黄金投资，同样戒"贪"

　　黄金市场波动大，暴涨暴跌时有发生，价格泡沫时隐时现，所以期望"炒金"一夜暴富，将带来极大风险，所以黄金投资同样戒"贪"。

早知道不买这么多了。

二、纸黄金

"纸黄金"交易没有实金介入，是一种由银行提供的服务，以贵金属为单位的户口，投资人无须透过实物的买卖及交收而采用记账方式来投资黄金，由于不涉及实金的交收，交易成本可以更低。值得留意的是，虽然它可以等同持有黄金，但是户口内的"黄金"一般不可以换回实物，如想提取实物，只有补足足额资金后，才能换取。"中华纸金"是采用 3% 保证金、双向式的交易品种，是直接投资于黄金的工具中较为稳健的一种。

三、黄金保证金

黄金保证金交易是指在黄金买卖业务中，市场参与者不需要对所交易的黄金进行全额资金划拨，只需按照黄金交易总额支付一定比例的价款，作为黄金实物交收时的履约保证。目前的世界黄金交易中，既有黄金期货保证金交易，也有黄金现货保证金交易。

四、黄金期货

一般而言，黄金期货的购买和销售者，都在合同到期日前出售和购回与先前合同相同数量的合约，也就是平仓，无须真正交割实金。每笔交易所得利润或亏损，等于两笔相反方向合约买卖差额。这种买卖方式，才是人们通常所称的"炒金"。黄金期货合约交易只需 10% 左右交易额的定金作为投资成本，具有较大的杠杆性，少量资金推动大额交易。所以，黄金期货买卖又称"定金交易"。

五、黄金期权

期权是买卖双方在未来约定的价位，具有购买一定数量标的的权利而非义务。如果价格走势对期权买卖者有利，会行使其权利而获利。如果价格走势对其不利，则放弃购买的权利，损失只有当时购买期权时的费用。由于黄金期权买卖投资战术比较多并且复杂，不易掌握，目前世界上黄金期权市场不太多。

六、黄金股票

所谓黄金股票，就是金矿公司向社会公开发行的上市或不上市的股票，所以又可以称为金矿公司股票。由于买卖黄金股票不仅是投资金矿公司，而且还间接投资黄金，因此这种投资行为比单纯的黄金买卖或股票买卖更为复杂。投资人不仅要关注金矿公司的经营状况，还要对黄金市场价格走势进行分析。

七、黄金基金

黄金基金是黄金投资共同基金的简称，所谓黄金投资共同基金，就是由基金发起人组织成立，由投资人出资认购，基金管理公司负责具体的投资操作，专门以黄金或黄金类衍生交易品种作为投资媒体的一种共同基金。由专家组成的投资委员会管理。黄金基金的投资风险较小，收益比较稳定，与我们熟知的证券投资基金有相同特点。

理财圣经   >>>>>>>>
────────────────────────────────────
"金"家姐妹，各有所长，理财者定要在挑选投资目标时仔细辨别。

收藏：一种最高雅的理财方式

俗话说："盛世做收藏，乱世收黄金。"记得改革开放之初，经常可以听到一些因收藏而产生的逸事：如某某家传一件古玩被外商以巨资收购，其家也一夜之间成为"巨富"云云。当时类似的传闻很多，听者表示羡慕，妒忌者大有人在。其实自古以来，古玩、名人字画就是官宦、富商和文人所看重的财富载体。至于富有天下的皇室、贵族，更是把其收藏作为炫耀、积累财富的手段。

有人说收藏品是成年人的玩具，也有人说收藏是傻瓜接力棒的游戏，总有一个比你更"傻"的人买下你的藏品。在一般人看来，收藏确实是一件难以言喻的事。那么收藏是为了什么呢？有人说为挣钱，有人说为发现，还有人说为捡便宜……这些都不错，而且不矛盾。

从理财学上说，收藏是一种投资行为，是指把富有保留价值的物品收集起来加以保存。收藏品必须具有升值价值，否则便失去了投资意义。较常见的收藏项目有瓷器、字画、古书等，现在还有些人热衷于邮票、钱币、电话卡、国库券、火柴盒等物品的收藏。总之，凡是过去有而以后不会再有的物品都可以被列入收藏范围。收藏是一种增长见识、陶冶情操的业余爱好，还能给收藏者带来经济效益，可谓有百利而无一弊。

收藏多少年来一直受人们关注，如今，越来越多的人涉足收藏，然而留心观察，同时起步的人几年后会有不同的结局。有的人可谓名利双收，收藏品上至不俗的档次，经济上也或多或少有些收益；而有的人破破烂烂一屋子，外行看起来热热闹闹，内行则不免嗤之以鼻。这便涉及如何选择收藏品的问题。真、精、新恐怕是初涉收藏领域的人们面对眼花缭乱的物品所要牢牢把握的诀窍。

首先是真，即真正的古董。现代人处于激烈的社会竞争、繁杂的生活环境中，于是古代物品就成为人们思古悠情的媒介。因此，从收藏这个角度来说，所选物品一定要有历史感，即人们常说的"够代"。当然，"够代"是相对的，明清时收藏家钟情于夏、商、周所谓老三代的古玉。而当今一块清代、民国时期的玉件价值亦不菲。

如何做好收藏品投资

　　收藏品投资是一种不错的理财选择，如何操作得当，可以为自己带来可观的收益。而如何做好收藏品投资，关键要做到以下几点：

储备收藏知识

　　收藏者可以选择自己最为擅长的一类藏品作为主攻方向，认真学习，努力研究，力争成为某类藏品的行家里手。这样才不至于看走眼，导致投资血本无归。

克服侥幸心理

　　收藏藏品，还应克服侥幸心理。对于有些藏品，可能存在着模棱两可的猜测。如果拿捏不准，最好还是放弃。

这幅画应该是真迹吧。

我现在就把这幅画买下。

当机立断

　　在藏品投资中，一定要坚持自己的选择和判断，如果自己运气好，恰巧碰上了好的藏品，就不要在乎一点点价格的差异。同样，在出售藏品时也是如此，货卖有缘人。

其次是精，即看收藏品是精美还是粗俗，是否有较高的艺术价值。收藏物品的年代固然重要，但其精美与否也是重要标准之一。我国历史上各朝代由于审美习惯不同，所遗物品其风格迥异，如汉代的粗犷豪放，唐代的富丽堂皇，宋代的清新隽雅，明代的精雕细琢，清代的繁花似锦。各朝代有代表性的物品艺术价值高的可以不惜重金买下，否则宁缺毋滥。

再次是新，即完整性。任何一件藏品其完整性不容忽视。字画等都有不可再生性。随着时代的推移哪怕收藏条件再好，也难免受到损伤，因此其完整性就尤为珍贵。以人们津津乐道的明、清官窑瓷器为例，哪怕是口沿稍有脱釉即"毛口"，价格则成倍地下跌。所以收藏品要品相上乘，才会有较大的升值空间。

所以说，要想搞好收藏，必须具有相关的知识，了解相关诀窍，否则很容易花冤枉钱。

理财圣经

>>>>>>>>>

近几年来，我国的收藏热持续升温，收藏的种类也越来越多样化。收藏作为一种高尚而理想的娱乐活动，对收藏者来说可谓乐在其中，其乐无穷。

外汇投资：获取财富的新工具

外汇指的是外币或以外币表示的用于国际间债权债务结算的各种支付手段。

根据 IMF 的定义，我国对外汇做了更为明确的规定。《中华人民共和国外汇管理暂行条例》第二条对外汇规定如下：

外汇是指外国货币，包括钞票、铸币等；外币有价证券，包括政府公债、国库券、公司债券、股票、息票等；外币支付凭证，包括票据、银行存款凭证、邮电储蓄凭证；其他外汇资金。

近年来，随着经济的进一步发展，投资外汇成了我们投资理财的一个有效途径。

在外汇交易中，一般存在这样几种交易方式：即期外汇交易、远期外汇交易、外汇期货交易、外汇期权交易。

一、即期外汇交易

即期外汇交易又称为现货交易或现期交易，是指外汇买卖成交后，交易双方于当天或两个交易日内办理交割手续的一种交易行为。即期外汇交易是外汇市场上常用的一种交易方式，即期外汇交易占外汇交易总额的大部分。主要是因为即期外汇买卖不但可以满足买方临时性的付款需要，也可以帮助买卖双方调整外汇头寸的货币比例，以避免外汇汇率风险。

二、远期外汇交易

远期外汇交易是指市场交易主体在成交后，按照远期合同规定，在未来（一般在成交日后的 3 个营业日之后）按规定的日期交易的外汇交易。远期外汇交易是有效的外汇市场中必不可少的组成部分。20世纪 70 年代初期，国际范围内的汇率体制从固定汇率为主导转向以浮动汇率为主，汇率波动加剧，金融市场蓬勃发展，从而推动了远期外汇市场的发展。

三、外汇期货交易

随着期货交易市场的发展，原来作为商品交易媒体的货币（外汇）也成为期货交易的对象。外汇期货交易就是指外汇买卖双方于将来时间（未来某日），以在有组织的交易所内公开叫价（类似于拍卖）确定的价格，买入或卖出某一标准数量的特定货币的交易活动。

四、外汇期权交易

外汇期权常被视为一种有效的避险工具，因为它可以消除贬值风

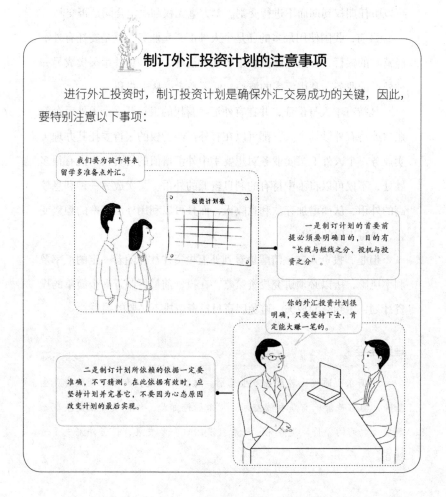

制订外汇投资计划的注意事项

进行外汇投资时，制订投资计划是确保外汇交易成功的关键，因此，要特别注意以下事项：

险以保留潜在的获利可能。在上面我们介绍远期外汇交易，其外汇的交割可以是特定的日期（如5月1日），也可以是特定期间（如5月1日至5月31日）。但是，这两种方式双方都有义务进行全额的交割。外汇期权是指交易的一方（期权的持有者）拥有合约的权利，并可以决定是否执行（交割）合约。如果愿意的话，合约的买方（持有者）可以听任期权到期而不进行交割。卖方毫无权利决定合同是否交割。

目前，我国使用最多的还是个人外汇买卖业务，就是委托有外汇经营权的银行，参照国际金融市场现时汇率，把一种外币买卖成另一种外币的业务，利用汇率的波动，低买高卖，从中获利。

凡持有本人身份证，并在有外汇经营权的银行开立个人外币存款账户或持有外钞的个人，都可以在有外汇经营权的银行委托其办理买卖业务。个人外汇买卖业务对想要手中外汇增值的投资人来说有很多妙处，不仅可以将手中持有的利息较低的外币，买卖成另一种利息较高的外币，从而增加存款利息收入，而且可以利用外汇汇率的频繁变化，赢得丰厚的汇差。

但是，投资人应该清醒地看到外汇投资往往伴随着一定的汇率及利率风险，所以必须讲究投资策略，在投资前最好制订一个简单的投资计划，做到有的放矢，避免因盲目投资造成不必要的损失。

理财圣经 >>>>>>>>

任何东西通过比较就会产生差别。对商品来说，有了差别就会产生差价，而有差价就有获利的空间。货币同样如此，外汇投资就是获取不同货币之间的差价。近年来，随着经济的进一步发展，投资外汇成了造就百万富翁的有效途径。

债券投资：取之于我，用之于我

有人戏称债券是理财的天堂，认为在众多的金融产品中，债券独受宠爱，是投资人眼中较为理想的投资对象，尤其是对那些厌恶风险的投资人来说，债券简直是最好的选择。

债券是国家政府、金融机构、企业等机构直接向社会借债筹措资金时，向投资人发行，并且承诺按规定利率支付利息，按约定条件偿还本金的债权债务凭证。

在众多投资工具中，债券具有极大的吸引力，投资债券主要有以下几个方面的优势：

一、安全性高

国债是国家为经济建设筹集资金而发行的，以国家税收为保证，安全可靠，到期按面额还本。债券利率波动的幅度、速度比较和缓，与其他理财工具如股票、外汇、黄金等比较风险最低，适合保守型的投资人。

二、操作弹性大

对投资人来说，手中拥有债券，当利率看跌时可坐享债券价格上涨的差价；当利率上扬时，可将手上票面利率较低的债券出售，再买进最新发行、票面利率较高的债券。若利率没有变动，仍有利息收入。

三、扩张信用的能力强

由于国债安全性高，投资人用其到银行质押贷款，其信用度远高于股票等高风险性金融资产。投资人可通过此方式，不断扩张信用，从事更大的投资。

四、变现性高

投资人若有不时之需，可以直接进入市场进行交易，买卖自由，变现性颇高。

五、可充作资金调度的工具

当投资人短期需要周转金时，可用附买回的方式，将债券暂时卖给交易商，取得资金。一般交易商要求的利率水准较银行低，且立即可拿到资金，不像银行的手续那么多。

六、可做商务保证之用

投资人持有债券，必要时可充作保证金、押标金。投资人以债券当保证金，在保证期间，仍可按票面利率计算。

基于上述种种优势，许多投资人都把目光聚集到债券身上，并且公认其为家庭投资理财的首选。

人们投资债券时，最关心的就是债券收益有多少。对于附有票面利率的债券，如果投资人从发行时就买入并持有到期，那么票面利率就是该投资人的收益。

但更多的债券投资人希望持有的债券拥有变现功能，这样持有人不仅可以获取债券的利息，还可以通过买卖赚取价差。在这种情况下，票面利率就不能精确衡量债券的收益状况。人们一般使用债券收益率这个指标来衡量债券的投资收益。

债券收益率是债券收益与其投入本金的比率，通常用年率表示。决定债券收益率的主要因素，有债券的票面利率、期限和购买价格。最基本的债券收益率计算公式为：

债券收益率 =（到期本息和 – 发行价格）/（发行价格 × 偿还期限）× 100%

债券投资三模式

哪一个投资利息会高一些呢?

　　完全消极投资,即投资者购买债券的目的是储蓄,获取较稳定的投资利息。适合这类投资者投资的债券有凭证式国债、记账式国债和资信较好的企业债。

　　完全主动投资,即投资者投资债券的目的是获取市场波动所引起价格波动带来的收益。这类投资者采取"低买高卖"的手法进行债券买卖。

现在正是将债券卖出的好时机。

　　部分主动投资,即投资者购买债券的目的主要是获取利息,但同时把握价格波动的机会获取收益。这类投资者投资方法就是买入债券,并在债券价格上涨时将债券卖出获取差价收入。

由于债券持有人可能在债券偿还期内转让债券，因此，债券的收益率还可以分为债券出售者的收益率、债券购买者的收益率和债券持有期间的收益率。各自的计算公式如下：

债券出售者的收益率 =（卖出价格 – 发行价格 + 持有期间的利息）/（发行价格 × 持有年限）× 100%

债券购买者的收益率 =（到期本息和 – 买入价格）/（买入价格 × 剩余期限）× 100%

债券持有期间的收益率 =（卖出价格 – 买入价格 + 持有期间的利息）/（买入价格 × 持有年限）× 100%

通过这些公式，我们便很容易计算出债券的收益率，从而指导我们的债券投资决策。

理财圣经 >>>>>>>>

在众多令人眼花缭乱的金融投资品中，债券以其风险低、收益稳定和流动性强而成为投资者心目中较为理想的投资对象，尤其对于那些年龄较大、缺乏投资经验、追求稳健的投资者来说，债券更具有吸引力。

期货：远期的"货物"合同

在大众的投资眼中，期货买卖仍然是一片陌生的土地。正是基于这种认识，目前参与期货买卖的人只是凤毛麟角。然而具有战略眼光和洞察力的富人们，已经习惯于在这个新领域进行投资了。随着人们投资理念的日趋成熟，期货投资也受到了大众的青睐。

期货其实是期货合约的简称，是由期货交易所统一制定的一种供投资者买卖的投资工具。这个合约规定了在未来一个特定的时间和地点，参与该合约交易的人要交割一定数量的标的物。所谓的标的物，是期货合约交易的基础资产，是交割的依据或对象。标的物可以是某种商品，如铜或大豆；也可以是某个金融工具，如外汇、债券；还可以是某个金融指标，如三个月同业拆借利率或股票价格指数等。标的物的价格变动直接影响期货合约的价格变动。

期货交易是一种特殊的交易方式，它有不同于其他交易的鲜明特点：

一、期货交易买卖的是期货合约

期货买卖的对象并不是铜那样的实物或者股票价格指数那样的金融指标，是和这些东西有关的合约，一份合约代表了买卖双方所承担的履行合约的权利和义务。合约对标的物（也就是大豆、股票价格指数等）的相关属性和时间地点等问题提前进行了详细的规定，买卖合约的双方都要遵守这个规定。买卖双方对合约报出价格，买方买的是合约，卖方卖的也是合约。

二、合约标准化

同一家交易所对标的物相同的合约都作出同样的规定。例如，在上海期货交易所上市交易的铜期货合约，每张合约的内容都是一样的，交易品种都是阴极铜，交易单位都是 5 吨，交割品级都要符合国标 GB/T467–1997 标准，其他的有关规定包括报价单位、最小变动价位、每日价格最大波动限制、交易时间、最后交易日、最低交易保证金、交易手续费等，这些规定对每份铜期货合约来说都是相同的。

三、在期货交易所交易

大部分的期货都在期货交易所上市。期货交易所不仅有严密的组

期货合约的种类

　　期货，通常指期货合约，是由期货交易所统一制定的、规定在将来某一特定的时间和地点交割一定数量标的物的标准化合约，可分为下面两个类别：

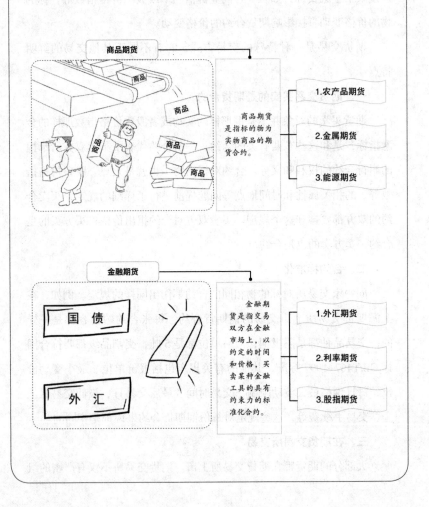

商品期货

商品期货是指标的物为实物商品的期货合约。

1. 农产品期货

2. 金属期货

3. 能源期货

金融期货

国　债

外　汇

金融期货是指交易双方在金融市场上，以约定的时间和价格，买卖某种金融工具的具有约束力的标准化合约。

1. 外汇期货

2. 利率期货

3. 股指期货

织结构和章程，还有特定的交易场所和相对制度化的交易、结算、交割流程。因此，期货交易往往被称为场内交易。我国国内的期货产品都是在期货交易所交易的。

四、双向交易

我们既可以先买一张期货合约，在合约到期之前卖出平仓（或者到期时接受卖方交割），也可以先卖一张合约，在合约到期之前买进平仓（或者到期时交出实物或者通过现金进行交割）。就算手头没有一张合约，依然可以先卖出。这种可以先买也可以先卖的交易被称为双向交易。

五、保证金交易

进行期货买卖的时候，不需要支付全部金额，只要交出一个比例（通常为 5%~10%）的金额作为履约的担保就行了，这个一定比例的金额就是保证金。

六、到期交割

期货合约是有到期日的，合约到期需要进行交割履行义务，了结合约。商品期货到期交割的是商品，合约的卖方要把铜或者大豆这样的标的物运到指定的交易仓库，被买方拉走，这被称为实物交割，商品期货都是实物交割。股指期货的标的物是一篮子股票，实物交割在操作上存在困难，因而采用现金交割。在股指期货合约到期时，依照对应的股指期货的价格，也即合约规定的交割结算价，计算出盈亏，交易者通过交易账户的资金划转完成交割。

理财圣经

>>>>>>>>

期货投资，通俗点说就是利用今天的钱，买卖明天的货物。想要操控它的人，必须有较好的预见能力和分析能力。不客气地说，就是一个经济形势的预言家。要打响这样一场到未来才能知道结果的战役，非这样的人不可！

典当融资便利多

典当业是人类古老的行业之一，可以说是现代金融业的鼻祖，萌芽于两汉时期。为什么它至今还能够留存呢？那是因为典当融资非常便利。

典当融资不像银行贷款那样麻烦，它只需要你提供有价值的东西，像房子、汽车之类的都可以，交付一定比例的费用就可以取得当金。它的借款手续非常简捷，而且不用像银行那样必须是大额，时间还很长，它可以是小额、短期的。所以当你急需用钱而又借贷无门的时候，典当行是你最佳的选择。不管是在生活当中，还是在工作领域，典当融资都是最便利的选择。

家住湖北的王丽趁着休假时间，一个人去云南旅行。在假期的最后一天，她在丽江游玩的时候，由于玩得太过于投入，忘记自己的提包放在什么地方了。手机、身份证、钱包都放在里面，现在身上一分钱都没有，只有一直拿在手中的D90单反相机。在云南也没有熟人，万般无奈的情况下，她走进了当地的典当行，把自己手中仅有的D90相机当了，当得了2000元。她就利用这当来的2000元解决了回家的问题。

如果当地没有典当行，王丽就没有办法这么快拿到返程的路费。这是典当融资在生活上为大家提供的便利，那么在工作领域中它又如何为企业提供便利呢？

有一个工厂因为生产不景气，一些设备被迫停产，眼看工厂就要倒闭了，正在这个紧要关头，以前的合作伙伴为工厂介绍了一笔生意。如果这笔生意能够谈成，这个工厂就能够起死回生，所以，厂里的领导们都全力以赴去准备生意的谈判。好不容易生意谈成了，资金又出了问题，没有资金不能成交。工厂向银行提出了贷款申请，但是被驳回来了，理由是工厂的经营不景气，没有经济效益，没有担保人。贷款不成，总不能坐等工厂倒闭啊，所以，工厂领导就拿工厂里的一些闲置的设备去当地的典当行融资，最终解决了工厂的燃眉之急。

如果没有典当行，这个工厂可能就坐等倒闭了。由此可见，典当融资可以为我们提供非常大的便利。为了大家能够充分利用这个便利的典当行业，下面介绍一下常见的典当种类：

一、应急型典当

应急型典当就是指当你因为某些原因急需要钱，但是又无处借贷的情况下，被迫进行的一种融资行为，它是属于突发性特别强的类型。像前面我们提到的王丽那样的情况就属于这种类型。这是为了解决你的燃眉之急而不得不采取的措施，是属于被动型的。

二、消费型典当

消费型典当跟应急型典当正好相反，是属于主动型的。它是属于当户有意识地自己到当铺里进行的短期性的融资行为。例如，王强打算今年结婚，而女方要求必须要有一套房子。但是王强手头的钱不够，因为差得不多，所以王强不愿意在银行里贷款。于是他除了跟自己的亲戚朋友借了一点，还拿着自己最喜欢的高档相机去当铺里押款，不用费任何周折就拿到了自己需要的那笔钱，解决了自己的婚姻问题。其实除了相机之外，高档手表，国家允许流通的文物字画等都

典当融资的风险

典当融资是把"双刃剑"。它在扩大企业融资规模的同时，往往会加快赢利或亏损速度。

典当融资成本高。若是典当者出现不可预见性的经营风险，如此高成本融资就会给他的发展带来更多不稳定因素和还款风险。

还款

选用典当进行融资时需谨慎行事，要考虑好自己的经营状况和偿还能力，细算一下典当融资的成本是否划算。切不可不顾后果地操作，否则将会造成不可挽回的惨痛后果。

可以拿去典当行作为抵押，甚至连银行的定期存单和其他的有价证券都可以。总之，就是一切有价值的东西都可以作为抵押物。这些东西抵押之后不是等于卖掉了，等自己手头宽裕的时候，再去把这些抵押物赎回来，当然是在规定的期限之内。

三、投资典当

也许有很多人想不到典当也可以投资。其实，如果不断地去典当行抵押物品，操作得当的话，你会从中获取一定的利润。你可以把它理解为这是一种分阶段去进行的长期性的融资行为。例如，有个工厂，想买进更多的原料，但是手头的资金不足，它就可以把第一批买进来的原料押给典当商行，拿到钱之后再买进第二批，然后再典当行融资，融资后接着买，就这样循环反复，直到买够自己所需要的生产原料。

理财圣经

>>>>>>>>

平时多关注典当行业的信息，特别是新推出来的业务。一般越新出来的业务越是便利我们的理财。

第七章

学会储蓄，坐收"渔"利

制订合理的储蓄计划

莹莹和小文是好友，两人的薪水差不多。小文每个月开销不大，薪水总是在银行定存，莹莹则喜欢买衣服，钱常常不够花。三年下来，小文存了三万元，而莹莹只有一些过时的衣服。其实小文很早就有"聚沙成塔"的想法，希望储蓄能帮助自己将小钱累积成大的财富。

一般来讲，储蓄的金额应为收入减去支出后的预留金额。在每个月发薪的时候，就应先计算好下个月的固定开支，除了预留一部分"可能的支出"外，剩下的钱以零存整取的方式存入银行。零存整取即每个月在银行存一个固定的金额，一年或两年后，银行会将本金及利息结算，这类储蓄的利息率比活期要高。将一笔钱定存一段时间后，再连本带利一起取出是整存整取。与零存整取一样，整存整取也

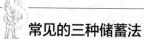

常见的三种储蓄法

投资理财的渠道虽然较多，但储蓄依然是人们理财的主要途径，那么，如何做好储蓄呢？

目标储蓄法

想要通过储蓄做到更好的理财，应根据家庭经济收入实际情况建立切实可行的储蓄目标并逐步实施，以实现储蓄目的。

30万元

节约储蓄法

在生活中要注意节约，减少不必要的开支，合理消费，用节约下来的钱进行存储，做到积少成多。

必要消费

可买可不买

这一部分用于储蓄。

计划存储法

可以根据每个月的收入情况，预留出当月必需的费用开支，将余下的钱区分，选择适当的储蓄品种存入银行，可以减少随意支出，使家庭经济按计划运转。

是一种利率较高的储蓄方式。

也许有人认为，银行储蓄利率意义不大，其实不然。在财富积累的过程中，储蓄的利率高低也很重要。当我们放假时，银行也一样在算利息，所以不要小看这些利息，一年下来也会令你有一笔可观的收入。仔细选择合适的储蓄利率，是将小钱变为大钱的重要方法。

储蓄是最安全的一种投资方式，这是针对储蓄的还本、付息的可靠性而言的。但是，储蓄投资并非没有风险，主要是指利率相对通货膨胀率的变动而对储蓄投资实际收益的影响。不同的储蓄投资组合会获得不同的利息收入。储蓄投资组合的最终目的就是获得最大的利息收入，将储蓄风险降到最低。

合理的储蓄计划围绕的一点就是"分散化原则"。首先，储蓄期限要分散，即根据家庭的实际情况，安排用款计划，将闲余的资金划分为不同的存期，在不影响家庭正常生活的前提下，减少储蓄投资风险，获得最大的收益。其次，储蓄品种要分散，即在将闲余的资金划分期限后，对某一期限的资金在储蓄投资时选择最佳的储蓄品种搭配，以获得最大收益。最后，到期日要分散，即对到期日进行搭配，避免出现集中到期的情况。

每个家庭的实际情况不同，适合的储蓄计划也不尽相同，下面以储蓄期限分散原则来看下常用的计划方案。

一是梯形储蓄方案。也就是将家庭的平均结余资金投放在各种期限不同的储蓄品种上。利用这种储蓄方案，既有利于分散储蓄投资的风险，也有利于简化储蓄投资的操作。运用这种投资法，当期限最短的定期储蓄品种到期后，将收回的利息投入到最长的储蓄品种上，同时，原来期限次短的定期储蓄品种变为期限最短的定期储蓄品种，从而规避了风险，获得了各种定期储蓄品种的平均收益率。

二是杠铃储蓄方案。将投资资金集中于长期和短期的定期储蓄品种上，不持有或少量持有中期的定期储蓄品种，从而形成杠铃式的储蓄投资组合结构。长期的定期存款优点是收益率高，缺点是流动性和灵活性差。而长期的定期存款之所短恰好是短期的定期存款之所长，两者正好各取所长，扬长避短。

这两种储蓄方案是利率相对稳定时期可以采用的投资计划。在预测到利率变化时，应及时调整计划。如果利率看涨时，选择短期的储蓄品种去存，以便到期时可以灵活地转入较高的利率轨道；如果利率看低时，可以选择存期较长的储蓄存款品种，以便利率下调时，存款利率不变。

理财圣经   >>>>>>>>

制订合理的储蓄计划，能够减少储蓄投资风险，获得最大的收益。

储蓄理财，把握四点大方向

储蓄其实是一种"积少成多"的游戏，不过开始一盘游戏之前，也有些准备工作需要我们清楚。正所谓不打无准备的仗，知己知彼，对自身对形势都作好充分的判断，才有把握赢下这盘游戏，得到理想中的丰厚利润。反之，不仅不会赢得利益，甚至有可能损失本钱。

张小姐时年 27 岁，在一家外资企业上班，她的钱包里装有十几张不同银行不同功能的银行卡。张小姐表示，这些卡的一部分是住房

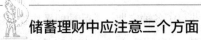

储蓄理财中应注意三个方面

　　储蓄理财具有存取自由、安全性高和收益稳定等优势，所以在个人及家庭投资理财中占有较大比重。在储蓄理财的过程中，应注意以下三个方面的问题。

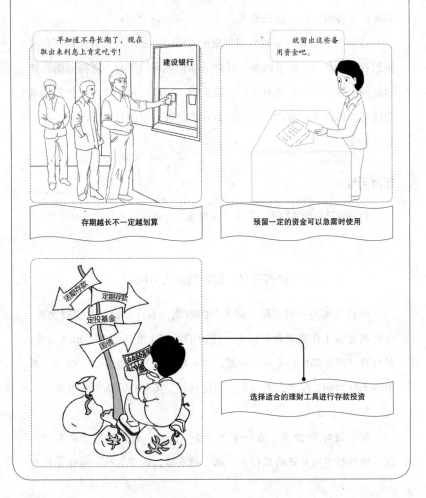

存期越长不一定越划算

预留一定的资金可以急需时使用

选择适合的理财工具进行存款投资

126

还贷卡、买车还贷卡、交通卡、缴纳水电费的卡，买基金的账户卡、股票的账户卡、保险缴费卡以及公司要求办理的工资卡等生活中不可或缺的卡片，另有一些为了朋友的业绩，顺水推舟就办了的卡，还要加上现在专门用来交电话费的牡丹卡。

根据所谓的"国际惯例"，中国工商银行和中国建设银行均将对所有牡丹灵通卡和龙卡收取每年 10 元的年费。张小姐粗略算了一下，如果每张卡都要收取年费，她至少每年要多支付上百元的费用。

理财专家认为，张小姐在办理银行卡的目的和方式上均有欠考量，其每年在银行卡年费上支出的费用是完全可以避免的。在选择银行卡时，如果能考虑到各种使用方向，充分利用每张银行卡的功能，在各银行之间进行适当比对，选择最适合自己的银行卡，可避免因卡多而使自己的钱财流失。要知道"卡不在多，够用就行"，现如今银行卡收费项目五花八门，更要求我们把握好自身情况选择合适的银行卡，别让银行卡成为"吃钱"的东西。

专家同时为我们提出了在办理储蓄理财时要把握的 4 点大方向：

（1）明确自身存款的用途。明确存款用途是进行储蓄的大前提，是在选择储蓄种类时最重要的影响因素。通常情况下，居民的存款无外乎存款购物、旅行，为买房买车等大件消费做积攒，为子女的教育经费做准备，以及储备今后的养老资产等。这就要求我们根据存款的不同目的选择合适的储蓄方式和时间。如为子女今后的教育储备经费，可以选择由国家支持，利率相对较高的教育储蓄。把握好每一笔存款的目的，才不会发生如上文提到的张小姐一样，卡多而杂乱，影响自己利益的事情。

（2）选择好储蓄的种类。日常生活中，薪水族们往往会把一定比例的薪水留给家庭作为生活费用，这笔费用要求存取灵活，可选择为活期储蓄；而长期不会动用的，如准备买房的积攒款项，则以利率较高的定期储蓄为佳。要注意的是，定期储蓄也有不同的方式，作出正确的选择对利益目标的达成至关重要。如将一笔大额资产存为一张存单或存期过长，遇到突发事件需要取用时，提前支取会造成利息的损失，相反，存期过短则利率太低，难以保值。储蓄的种类的是储户在明确存款用途后要考虑的第二件事情。

（3）要把握好储蓄的时机。储蓄的好时机自然是利率较高的时候，而利率相对较低的时候则应选择凭证式国债或选择短期存款。短期存款并不要求储户频繁地去银行办理业务，而可以选择银行的预约转存业务，存款同样会按照约定自动转存。对于储蓄时机的把握要求储蓄对利率浮动的大方向有一定的了解。

（4）选择最适合自己的储蓄机构。选择好了适当的时机，就该动身去银行了。不过如今银行机构众多，该选择什么样的银行呢？专家提示，首先应当从安全性的角度衡量。安全可靠，信誉度高，经营状况好，都是最基本的条件，这样的银行才能给我们的存款以安全保障；其次硬件服务设施和服务态度也是重要的决定因素；最后是银行所能提供的各种功能性服务。现如今银行能提供的服务项目很多，日常生活中各种费用的缴纳、购票等行为都可以通过银行转账完成，选择一家对自身各种要求合适的、功能齐全的银行，才能更好地便捷我们的生活。

以上四点大方向，都是储户在进行储蓄行为之前，应该仔细考量的。把握好这几点要素，将我们手中的资金投入到最有用的地方，才能让"钱"最大限度地生出"钱"。

理财圣经 >>>>>>>>

储蓄其实是一种"积少成多"的游戏，我们在储蓄时要明确自身存款的用途、选择好储蓄的种类、把握好储蓄的时机、选择最适合自己的储蓄机构，才能让小钱生出大钱来。

如何实现储蓄利益最大化

家庭理财中储蓄获利是最好的一种选择。那么如何实现储蓄利益最大化呢？根据自己的不同情况，可以做出多种选择。

一、压缩现款

如果你的月工资为3000元，其中1500元作为生活费，另外节余1500元留作他用，不仅节余的1500元应及时存起来生息，就是生活费的1500元也应将大部分作为活期储蓄，这会使本来暂不用的生活费也能生出利息。

二、尽量不要存活期

存款，一般情况下存期越长，利率越高，所得的利息也就越多。因此，要想在家庭储蓄中获利，你就应该把作为日常生活开支的钱存活期外，节余的都存为定期。

三、不提前支取定期存款

定期存款提前支取，只按活期利率计算利息，若存单即将到期，又急需用钱，则可拿存单做抵押，贷一笔金额较存单面额小的钱款，以解燃眉之急，如必须提前支取，则可办理部分提前支取，尽量减少利息损失。

四、存款到期后，要办理续存或转存手续以增加利息

存款到期后应及时支取，有的定期存款到期不取，逾期按活期储蓄利率计付逾期的利息，故要注意存入日期，存款到期就取款或办理转存手续。

五、组合存储可获双份利息

组合存储是一种存本取息与零存整取相组合的储蓄方法，如你现有一笔钱，可以存入存本取息储蓄户，在一个月后，取出存本取息的第一个月利息，再开设一个零存整取储蓄户，然后将每月的利息存入零存整取储蓄。这样，你不仅得到存本取息储蓄利息，而且利息在存入零存整取储蓄后又获得了利息。

六、月月存储，充分发挥储蓄的灵活性

月月储蓄说的是 12 张存单储蓄，如果你每月的固定收入为 3500元，可考虑每月拿出 1000 元用于储蓄，选择一年期限开一张存单，当存足一年后，手中便有 12 张存单，在第一张存单到期时，取出到期本金与利息，和第二期所存的 1000 元相加，再存成一年期定期存单；以此类推，你会时时手中有 12 张存单。一旦急需，可支取到期或近期的存单，减少利息损失，充分发挥储蓄的灵活性。

七、阶梯存储适合工薪家庭

假如你有 3 万元，可分别用 1 万元开设 1 ～ 3 年期的定期储蓄存单各一份；1 年后，你可用到期的 1 万元，再开设一个 3 年期的存单，以此类推，3 年后你持有的存单则全部为 3 年期，只是到期的年限不同，依次相差 1 年。这种储蓄方式可使年度储蓄到期额保持等量平衡，既能应对储蓄利率的调整，又可获取 3 年期存款的较高利息；这种中长期投资适宜工薪家庭为子女积累教育基金与婚嫁资金等。

八、四分存储减少不必要的利息损失

若你持有 1 万元，可分存 4 张定期存单，每张存额应注意呈梯形状，以适应急需时不同的数额，即将 1 万元分别存成 1000 元、2000元、3000 元、4000 元的 4 张 1 年期定期存单。此种存法，假如在一年内需要动用 2000 元，就只需支取 2000 元的存单，可避免需取小数额却不得不动用"大"存单的弊端，减少了不必要的利息损失。

九、预支利息

存款时留下支用的钱，实际上就是预支的利息。假如有 1000元，想存 5 年期，又想预支利息，到期仍拿 1000 元的话，你可以根据现行利率计算一下，存多少钱加上 5 年利息正好为 1000 元，那么余下的钱就可以立即使用，尽管这比 5 年后到期再取的利息少一些，但是考虑到物价等因素，也是很经济的一种办法。

理财圣经   >>>>>>>>

储蓄方式可以有各种组合，一笔钱可以分为几部分分别存储，提前支取定期存款可以办理部分支取，通过银行零存整取业务可以让利息生利息等手段，目的都只有一个，就是结合每个人自身条件实现储蓄利益的最大化。

会计算利息，明明白白存钱

你知道哪种存款方式最适合你吗？你的钱存在银行能获得多少利息？要明明白白存钱，首先需要了解银行的储蓄利息是如何计算的。

一、储蓄存款利息计算的基本公式

储户在银行存储一定时期和一定数额的存款后，银行按国家规定的利率支付给储户超过本金的那部分资金。利息计算的基本公式：

利息＝本金 × 存期 × 利率

二、计息的基本规定

（1）计息起点规定。计算各种储蓄存款利息时，各类储蓄均以"元"为计息单位，元以下不计利息。

（2）计算储蓄存期的规定。

①算头不算尾。存款的存期是从存入日期起至支取日前一天止。支取的当天不计算。通常称为"算头不算尾"。

②月按 30 天，年按 360 天计算。不论大月、小月、平月、闰月，每月均按 30 天计算存期。到期日如遇节假日，可以在节假日前一日支取，按到期计息，手续按提前支取处理。

③按对年对月对日计算。储蓄存款是按对年对月对日来计算的，即自存入日至次年同月同日为一对年。存入日至下月同日为一对月。

④过期期间按活期利率计算。各种定期存款，在原定存款期间内，如遇利率调整，不论调高调低，均按存单开户日所定利率计付利息，过期部分按照存款支取日银行挂牌公告的活期存款利率来计算利息。

（3）定期存款在存期内遇到利率调整，按存单开户日挂牌公告的相应的定期储蓄存款利率计付利息。

（4）活期存款在存入期间遇到利率调整，按结息日挂牌公告的活期储蓄存款利率计付利息。

三、计算零存整取储蓄存款的利息

零存整取定期储蓄计息方法一般为"月积数计息"法。其公式是：

利息 = 月存金额 × 累计月积数 × 月利率

累计月积数 = （存入次数 +1） ÷ 2 × 存入次数

据此推算 1 年期的累计月积数为（12+1）÷ 2 × 12=78，以此类推，3 年期、5 年期的累计月积数分别为 666 和 1830。

四、计算整存零取储蓄存款的利息

整存零取和零存整取储蓄相反，储蓄余额由大到小反方向排列，利息的计算方法和零存整取相同，其计息公式为：

每次支取本金 = 本金 ÷ 约定支取次数

到期应付利息 = （全部本金 + 每次支取金额）÷ 2 × 支取本金次数 × 每次支取间隔期 × 月利率

五、计算存本取息储蓄存款的利息

存本取息定期储蓄每次支取利息金额，按所存本金、存期和规定利率先算出应付利息总数后，再根据储户约定支取利息的次数，计算出平均每次支付利息的金额。逾期支取、提前支取利息计算与整存整取相同，若提前支取，应扣除已分次付给储户的利息，不足时应从本金中扣回。计息公式：

每次支取利息数 = （本金 × 存期 × 利率）÷ 支取利息次数

六、计算定活两便储蓄存款的利息

定活两便储蓄存款存期在 3 个月以内的按活期计算；存期在 3 个月以上的，按同档次整存整取定期存款利率的六折计算；存期在 1 年以上（含 1 年），无论存期多长，整个存期一律按支取日定期整存整取 1 年期存款利率打六折计息，其公式：

利息 = 本金 × 存期 × 利率 × 60%

七、计算个人通知存款的利息

个人通知存款是一次存入，一次或分次支取。1 天通知存款需提前 1 天通知，按支取日 1 天通知存款的利率计息，7 天通知存款需提前 7 天通知，按支取日 7 天通知存款的利率计息，不按规定提前通知而要求支取存款的，则按活期利率计息，利随本清。基本计算公式：

应付利息 = 本金 × 存期 × 相应利率

理财圣经   >>>>>>>>

了解了各种利息的计算方法之后，再存款时投资者应先自己计算，然后选择能够获取利息最大的储蓄种类进行存款，让自己的存款利息最大化。

如何制订家庭储蓄方案

家庭作为一个基本的消费单位，在储蓄时也要讲科学，合理安排。一个家庭平时收入有限，因此对数量有限的家庭资本的储蓄方案需要格外花一番工夫，针对不同的需求，家庭应该分别进行有计划的储蓄。在前面我们已经提到了这方面的一部分内容，那么现在我们就来系统地谈一谈这个问题：我们的建议是把全家整个经济开支划分为五大类。

一、日常生活开支

在理财过程中，每个家庭都清楚，建立家庭就会有一些日常支

家庭储蓄方案需要注意哪些

家庭储蓄又不同于个人储蓄，需要考虑的因素很多。那么，家庭储蓄需要注意哪些问题呢？

我们就留这些少的作为日常开支，其余的都存进银行，做长期存储吧。

1.选择银行存款的种类和期限时，一定要根据自己家庭的用款情况和整体消费水平来确定。

2.大额资金分银行存。这样做有利于分散风险。

建设银行
自动存款机

工商银行
自动存取款机

3.银行账户密码保护好。账户密码最好不要使用家人的生日、手机号、身份证号等，很容易被他人知晓，盗取资金。

网上银行

出，这些支出包括房租、水电、煤气、保险、食品、交通费和任何与孩子有关的开销等，它们是每个月都不可避免的。根据家庭收入的额度，在实施储蓄时，家庭可以建立一个公共账户，采取每人每月拿出一个公正的份额存入这个账户中的方法来负担家庭日常生活开销。

为了使这个公共基金良好地运行，家庭还必须有一些固定的安排，这样才能够有规律地充实基金并合理地使用它。实际上家庭对这个共同账户的态度反映出对自己婚姻关系的态度。注意不要随意使用这些钱，相反地，要尽量节约，把这些钱当作是夫妻今后共同生活的投资。另外，对此项开支的储蓄必不可少，应该充分保证其比例和质量，比如家庭可以按照家庭收入的 35% 或 40% 的比例来存储这部分基金。

二、大型消费品开支

家庭建设资金主要是用于购置一些家庭耐用消费品如冰箱、彩电等大件和为未来的房屋购买、装修做经济准备的一项投资。我们建议以家庭固定收入的 20% 作为家庭建设投资的资金，这笔资金的开销可根据实际情况灵活安排，在用不到的时候，它就可以作为家庭的一笔灵活的储蓄。

三、文化娱乐开支

温馨和谐的家庭生活，自然避免不了娱乐开支。这部分开支主要用于家庭成员的体育、娱乐和文化等方面的消费。设置它的主要目的是在紧张的工作之余为家庭平淡的生活增添一丝乐趣。比如郊游、看书、听音乐会、看球赛，这些都属于家庭娱乐的范畴，在竞争如此激烈的今天，家人难得有时间和心情去享受生活，而这部分开支的设立可以帮助他们品味生活，从而提高生活的质量。我们的建议是：这部分开支的预算不能够太少，可以规划出家庭固定收入的 10% 作为预算，其实这也是很好的智力投资，若家庭收入增加，也可以扩大到15%。

四、理财项目投资

家庭投资是每一个家庭希望实现家庭资本增长的必要手段，投资的方式有很多种，比较稳妥的如储蓄、债券，风险较大的如基金、股票等，另外收藏也可以作为投资的一种方式，邮币卡及艺术品等都在收藏的范畴之内。一般以家庭固定收入的20%作为投资资金对普通家庭来说比较合适，当然，此项资金的投入，还要与家庭个人所掌握的金融知识、兴趣爱好以及风险承受能力等要素相结合，在还没有选定投资方式的时候，这笔资金仍然可以以储蓄的形式先保存起来。

五、抚养子女与赡养老人

这项储蓄对家庭来说也是必不可少的，可以说它是为了防患于未然而设计的。家庭如果今后有了小孩，以及父母的养老都需要这笔储蓄来支撑。此项储蓄额度应占家庭固定收入的10%，其比例还可根据每个家庭的实际情况加以调整。

上述五类家庭开支储蓄项目一旦设立，量化好分配比例后，家庭就必须要严格遵守，切不可随意变动或半途而废，尤其不要超支、挪用、透支等，否则就会打乱自己的理财计划，甚至造成家庭的"经济失控"。

理财圣经 >>>>>>>>

目前，储蓄依然是许多家庭投资理财的主要方式。如果在利率持续下调的形势下，能掌握储蓄的一些窍门，仍可获取较高的利息收入。

第八章

卡不在多，够用就行：挖掘银行卡里的大秘密

如何存钱最划算

银行储蓄，在目前仍是大多数人的首选理财方式。在大众还是将储蓄作为投资理财的重要工具的时期，储蓄技巧就显得很重要，它将使储户的储蓄收益达到最佳化。

那么，如何存钱最划算呢？下面将针对银行开办的储蓄种类细细为大家介绍如何存钱最划算。

◇整存整取定期储蓄

在高利率时期，存期要"中"，即将五年期的存款分解为一年期和两年期，然后滚动轮番存储，如此可生利而收益效果最好。

在低利率时期，存期要"长"，能存五年的就不要分段存取，因为低利率情况下的储蓄收益特征是存期越长，利率越高，收益越好。

对于那些较长时间不用，但不能确定具体存期的款项最好用"拆零"法，如将一笔5万元的存款分为0.5万元、1万元、1.5万元和2

万元 4 笔，以便视具体情况支取相应部分的存款，避免利息损失。

要注意巧用自动转存（约定转存）、部分提前支取（只限一次）、存单质押贷款等手段，避免利息损失和亲自跑银行转存的麻烦。

◇零存整取定期储蓄

由于这一储种较死板，最重要的技巧就是"坚持"，绝不可以连续漏存。

◇存本取息定期储蓄

与零存整取储种结合使用，产生"利滚利"的效果。即先将固定的资金以存本取息形式定期存起来，然后将每月的利息以零存整取的形式储蓄起来。

◇定活两便存储

定活两便存款主要是要掌握支取日，确保存期大于或等于 3 个月，以免利息损失。

◇通知储蓄存款存储

通知存款最适合那些近期要支用大额活期存款但又不知道支用的确切日期的储户，要尽量将存款定为 7 天的档次。

以上是针对储蓄种类——讲解的，下面说说一般的提高储蓄的小门道，你可以把这两种方法配合起来运用。

◇合理的储种

当前，银行开办了很多储蓄品种，你应当在其中选择不容易受到降息影响或不受影响的品种。如定期储蓄的利率在存期内一般不会变动，只要储户不提前支取，就能保证储户的利益。

◇适当的存期

存期在储蓄中起着极重要的作用。选择适当的存期就显得十分必要。在经济发展稳定，通货膨胀率较低的情况下，可以选择长期储蓄。因为长期的利率较高，收益相对较大。而在通货膨胀率相对较高时，存期最好选择中短期的，流动性较强，可以及时调整，以避免造成不必要的损失。

◇**其他技巧**

（1）储蓄不宜太集中。

存款的金额和期限，不宜太集中。因为急用时，你可能拿不到钱。可以在每个月拿一部分钱来存定期。如此，从第一笔存款到期后的每个月，你都将有一笔钱到期。

（2）搭配合理的储蓄组合。

储蓄也可看成一种投资方式，从而选择最合理的存款组合。存款应以定期为主，其他为辅，少量活期。因为，相比较而言，定期储蓄的利率要比其他方式都高。

（3）巧用储蓄中的"复合"利率。

所谓银行的"复合"利率，就是指存本取息储蓄和零存整取储蓄结合而形成的利率，其效果接近复合利率。具体就是将现金先以存本取息方式储蓄，到期后，把利息取出，用它再开一个零存整取的账户。这样两种储蓄都有利息可用。

如果只用活期存款，收益是最低的。有的人仅仅为了方便支取就把所有的钱都存入活期，这种做法当然不可取。而有的人为了多得利息，把大额存款都集中到了三年期和五年期上，而没有仔细考虑自己预期的使用时间，盲目地把余钱全都存成长期，如果急需用钱，办理提前支取，就出现了"存期越长，利息越吃亏"的现象。

而针对这一情况，银行规定对于提前支取的部分按活期算利息，没提前支取的仍然按原来的利率算。所以，个人应按各自不同的情况选择存款期限和类型，不是存期越长越划算。

理财圣经   >>>>>>>>

现在银行都推出了自动转存服务，所以在储蓄时，应与银行约定进行自动转存。这样做，一方面是避免了存款到期后不及时转存，逾期部分按活期计息的损失；另一方面是存款到期后不久，如遇利率下调，未约定自动转存的，再存时就要按下调后利率计息，而自动转存的，就能按下调前较高的利率计息。如到期后遇利率上调，也可取出后再存。

别让过多的银行卡吃掉你的钱

现在很多人都会拥有 5 家以上银行的储蓄卡，但是有些人每张卡上面的余额都所剩无几，由于现在商业银行普遍开始征收保管费——也就是余额不足 100 元，每存一年不但没有利息而且还要倒贴大约 2 元钱的保管费。如果不加管理，无疑让自己辛苦赚来的钱四处"流浪"，或是让通胀侵蚀其原有的价值。所以建议你整合一下你的账户，别让过多的银行卡吃掉你的钱。

"卡不在多，够用就行。"这是最明智的使用银行卡的方法。

那么，到底该如何整合自己的银行卡资源？保留多少张银行卡是合适的呢？

一、让功能与需求对位

在你整合你的银行卡之前，你必须要先弄清楚你现有的银行卡都有什么特别之处。而其中哪些功能对你是必要的，哪些是可有可无的，哪些是可以替代的，哪些是独一无二的。

现在的借记卡大多都有各种功能，其中的代收代付业务，主要有：代发工资（劳务费），代收各类公用事业费（如水、电、煤、电话费），代收保费等，由此给持卡人带来了极大的便利。善用借记卡可以省去很多过去需要亲自跑腿的烦琐事情，既安全又省时间。

另外，不同银行发行的借记卡还具有很多有特色的理财功能。例如，交通银行太平洋借记卡，除了购物消费、代发工资、代收缴费用、ATM 取现等基本功能，还具有理财通、消费通、全国通、国际通、缴费通、银证通、一线通、网银通、银信通等一些特殊功能。再比如北京银行京卡储蓄卡，除了普通提款转账、代收代缴之外，还可代办电话挂号业务。

　　对于功能的需求倾向，决定了你要保留哪些必要的借记卡。

　　而信用卡也是银行卡组合中很重要的内容，因为可以"先消费，后还款"，所以可以成为理财中很好的帮手。另外，信用卡可以有很详细的消费记录，这样你每个月就可以在收到银行寄来的或者网上拿到对账单时，知道自己的钱用在了什么地方，这也有助于帮助你养成

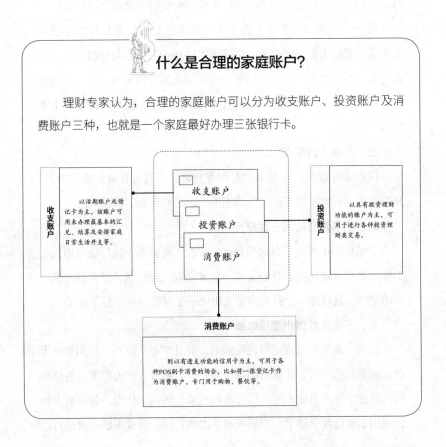

什么是合理的家庭账户？

　　理财专家认为，合理的家庭账户可以分为收支账户、投资账户及消费账户三种，也就是一个家庭最好办理三张银行卡。

收支账户
以活期账户或借记卡为主，该账户可用来办理最基本的汇兑、结算及安排家庭日常生活开支等。

收支账户
投资账户
消费账户

投资账户
以具有投资理财功能的账户为主，可用于进行各种投资理财类交易。

消费账户
则以有透支功能的信用卡为主，可用于各种POS刷卡消费的场合，比如将一张贷记卡作为消费账户，专门用于购物、餐饮等。

更好的消费习惯。

二、减肥原则

（1）你应根据自己的实际用卡情况，综合比较，选择一张最适合自己的银行卡。如果你经常出国，那么一张双币种的信用卡就是你的首选；如果你工作固定，外出的机会少，那么就申请一张功能多样、服务周到的银行卡；如果你是个成天挂在网上的"网虫"，不爱出门，习惯一切在网上搞定，那么一家网上银行的银行卡就正好适合你！

（2）一卡多用。不少人把手中的购房还贷借记卡只作为还贷专卡使用，实际上是资源浪费，完全可以注册为在线银行注册客户，买卖基金、炒股炒汇、代缴公用事业费等功能都可以实现，出门消费也可以刷卡。无论是投资还是消费，每月还贷日保证卡内有足够余额即可。

三、清理"睡眠卡"

仅用来存取款的银行卡没有留着的必要，只有存取款需求的人，开张活期存折就可以了，因为功能单一，活期存折不收取费用。

四、把事情交给同一家银行

申请信用卡时，可以选择自己的代发工资银行，这样就可用代发工资卡办理自动还款，省心又省力；水电煤气的扣缴，就交给办理房贷的银行，这样你每个月的固定支出凭一张对账单就一目了然了。

五、不要造成信用额度膨胀

信用卡最大的特点是可透支消费，而且年费比较贵。但如果你手中有若干张信用卡，那么总的信用额度就会超过合理的范围，造成年费的浪费，并有可能产生负债过多的后果。所以，使用一张、最多两张信用卡就已经足够了。当消费水平提高，信用额度不够用时，可以向发卡行申请提高信用额度，或者换信用额度更高的信用卡。

信用卡越多，你的压力越大，你会无休止地为信用卡担心。

在对银行卡进行大清理后，是不是觉得轻装上阵，特别轻松？你的钱包再也不是鼓鼓囊囊的了，而你想密码的时候也不再是对大脑痛苦的折磨了。其实，减少不必要的卡，本身就是一个提高金钱利用效率的好方法！

理财圣经 >>>>>>>>

只留1～2张多功能的银行卡，既可购物消费，也可异地支取现金，而且开通了电话银行、网上银行和银证转账，实现一卡在手，轻松理财。

工资卡里的钱别闲着

现在，各行各业的人们手中都有一张工资卡，但是大家理财的时候往往会忽略掉它，特别是当卡里只剩下一些零头数目的钱时，大家就更不会去理会这张卡了。其实，能够把工资卡里的钱充分利用起来，也是一个很好的积累财富的途径。所以，工资卡里的钱别闲着。

那么该怎样把工资卡里的资金用活呢？

一、活期资金转存为定期

因为工资卡的流动性比较大，所以不能把它作为长期的定期存款，而应该以一些短期的定期存款为主，或者每个月都坚持从里面取出一部分小额资金以零存整取的方式进行存款。这样，就比作为活期放在工资卡里所获得的利息更多。而且现在各个银行都为储户提供了自动转存的服务，如果你觉得每个月都跑银行太麻烦的话，你完全可以设定好零用钱金额、选择好定期储蓄比例和期限，办理约定转存的手续。这样，银行每个月就会主动帮你把你规定的金额转为定期存款，就免去了跑银行的辛苦。

现在各大银行都推出了活期转存定期的灵活操作的业务。像民生银行就推出了"钱生钱"理财的业务。这项业务可以自动将活期、定期存款灵活转换，优化组合。

而交通银行推出的双利理财账户业务，在功能方面和民生银行的"钱生钱"很相似，但是有个硬性要求，就是工资卡里的活期账户最低必须留有几千元，其他的金额才能够自动转入通知存款账户中。这个对工资卡里的闲钱利用率就显得不太高了。

工商银行的定活通业务就显得比较灵活，它会自动每月将你工资卡里的活期账户的闲置资金转为定期存款，当你的活期账户的资金不够你用时，定期存款又会自动转为活期存款，方便你的资金周转。

中信银行的中信理财宝也提供定活期灵活转变的业务，有一点不同的是，如果你透支了工资卡里的活期账户里的资金，只要你在当天的营业结束之前归还，里面的定期存款就不用转换回活期，这样既保证了利息不受损失，又保证了资金流动性，相对来说还是比较好的。

二、与信用卡绑定

因为工资卡每个月都会存进资金，如果与信用卡绑定的话，你就不用再担心信用卡还款的事，也不用再费时费力地到处找还款的地方，轻轻松松地就可以避免银行的罚息和手续费，还能够保持自己良好的信用记录，何乐而不为呢？

三、存抵贷，用工资卡来还房贷

因为工资卡上都会备有一些闲钱不会用到，而且如果你有房贷的话，你完全可以办理一个"存抵贷"的理财手续。现在很多银行都推出了"存抵贷"的业务，办理这项业务之后，工资卡上的资金将按照一定的比例当作提前还贷，而节省下来的贷款利息就会被当作你的理财收益返回工资卡上，这样，就可以大大提高工资卡里有限资金的利用率。

四、基金定投

由于工资卡上每个月都会有节余的资金，如果让这些节余资金睡在工资卡里吃活期利息的话，收益极其微小，还不如通过基金定投来强迫自己进行储蓄。这个基金定投就是每个月在固定的时间投入固定金额的资金到指定的开放式基金中。这个业务也不需要每个月都跑银行，它只要去银行办理一次性的手续，以后的每一期扣款申购都会自动进行，也是比较省心、省事的业务。

以上是一些能够将工资卡里的闲钱用活起来的理财方法，你可以根据自己的收入特点和自己的理财目标，来选择自己的理财方式和固定扣款的金额与周期，把自己工资卡里的闲钱充分调动起来，为自己带来更大的财富收获。

理财圣经 >>>>>>>>

咨询自己工资卡的所属银行理财顾问，他会为你推荐一个方便你利用工资卡理财的方案。你也可以到专业的理财网站看看与你处境差不多的人怎么利用工资卡理财，然后选定一个自己的理财方案。

管好自己的信用卡

信用卡，顾名思义就是记载你信用的卡片。使用信用卡能给我们带来许多方便，但在使用的过程中，可能会遇到很多问题，因此，在这里提醒大家要多加注意，管好自己的信用卡。

你有良好的信用记录，银行才愿意核发信用卡供你使用，而消费状况和还款记录都是银行评估信用的重要参考。个人的消费状况和还款记录，是银行评估消费者信用等级的依据，若信用记录良好，未来向银行办理其他手续时，将会享有更好的待遇或者优惠条件。所以你的信用有多重要，你就应该把信用卡看得有多重要。

首先，要妥善保管好信用卡。

信用卡应与身份证件分开存放，因为如果信用卡连同身份证一起丢失的话，冒领人凭卡和身份证便可到银行办理查询密码、转账等业务，所以卡、证分开保管会更好地保证存款安全。另外，信用卡背面都有磁条，它主要是供 ATM 自动取款机和 POS 刷卡机对持卡人的有关资料及账务结算进行读写，所以存放时要注意远离电视机等磁场以及避免高温辐射；随身携带时，应和手机、传呼等有磁物品分开放置，携带多张银行卡时应放入有间隔层的钱包，以免数据被损害，影响在机器上的使用。

其次，刷卡消费以后应保存好消费的账单。

现在有些不法商人会模仿客户的笔迹，向发卡银行申请款项。在签完信用卡后，收银台通常会给客户一份留存联，但有些人当场就把它丢掉，不做记录也不留下来核对账目。其实这种做法相当危险，最好是有个本子记录信用卡的消费日期、地点及金额，买什么物品或用途等，另将留存联贴在记录簿上，每月对账单寄来后，核对无误才将留存联丢掉。有些款项的账单未到，要等下个月再核对，但一定要留存证据才不会付不该付的钱。此外，保存信用卡付费记录，还可使你在将来也能对曾买过的东西一目了然。

除了在日常生活中注意用卡安全外，在网上用卡也要多留心。选择较知名、信誉好、已经运营了较长的时间且与知名金融机构合作的网站，了解交易过程的资料是否有安全加密机制。向你熟悉的或知名的厂商购物，避免因不了解厂商，而被盗用银行卡卡号或其他个人资

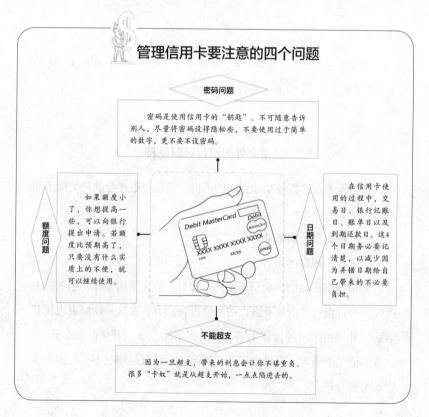

管理信用卡要注意的四个问题

密码问题

密码是使用信用卡的"钥匙"。不可随意告诉别人，尽量将密码设得隐秘些，不要使用过于简单的数字，更不要不设密码。

额度问题

如果额度小了，你想提高一些，可以向银行提出申请。若额度比预期高了，只要没有什么实质上的不便，就可以继续使用。

日期问题

在信用卡使用的过程中，交易日、银行记账日、账单日以及到期还款日。这4个日期务必要记清楚，以减少因为弄错日期给自己带来的不必要负担。

不能超支

因为一旦超支，带来的利息会让你不堪重负。很多"卡奴"就是从超支开始，一点点陷进去的。

料。若用信用卡付款，可先向发卡银行查询是否提供盗用免责的保障。注意保留网上消费的记录，以备查询，一旦发现有不明的支出记录，应立即联络发卡银行。

当你做好管理工作之后，你就会发现，一张信用卡在手，比过去把一大堆钱拿在手上要轻便、安全得多。不过你必须要正确使用，否则它的价值不但不能得到良好体现，还可能给你添乱。现在不是出现了很多"卡奴"、信用卡诈骗、信用卡"恶意透支"的吗？这些都是给使用信用卡的人最好的警告。总之，要管好你自己的信用卡！

理财圣经　　　　　　　　　　　　>>>>>>>>

在用信用卡之前，计算一下、比较一下、分析一下，就能让你的信用卡发挥最大功效，让你的钱得到最高效的管理。

储蓄之外的银行理财品种

银行卡有很多服务功能，别的不说，银行理财产品的种类除了储蓄，你还知道什么？

一、按货币分类标准

（1）外币理财产品。

外币理财产品的出现早于人民币理财产品，结构多样，创新能力很强。外资银行凭借自身强大的海外投资能力，在这一领域表现极其活跃，并提供了多种投资主题，如新兴市场股票、奢侈品股票篮子、水资源篮子股票等，帮助投资者在风险相对较低的情况下，把握资本市场的投资热点。

（2）人民币理财产品。

伴随近年来银行理财市场的蓬勃创新，各家银行将投资品种从国债、金融债和央行票据，延伸至企业短期融资券、贷款信托计划乃至新股申购等方面。在差异性创新方面，流动性长短不一而足，风险性则由保最低收益到保本再到不保本，品类齐全。

（3）双币理财产品。

根据货币升值预期，将人民币理财产品和外币理财产品进行组合创新。

二、按收益类型分类

银行理财产品的收益类型，即相应银行理财产品是否保证或承诺收益，这对产品的风险收益影响很大。

（1）保证收益类。

保证收益类理财产品是比较传统的产品类型，按照收益的保证形式，可细分为以下两类：

收益率固定：银行按照约定条件，承诺支付固定收益，银行承担由此产生的投资风险。若客户提前终止合约，则无投资收益；若银行提前终止合约，收益率按照约定的固定收益计算，但投资者将面临一定的再投资风险。

收益率递增：银行按照约定条件，承诺支付最低收益并承担相关风险，其他投资收益由银行和客户共同承担。若银行提前终止合约，客户只能获得较低收益，且面临高于固定收益类产品的再投资风险。

（2）非保证收益类。

该类产品又分保本浮动收益类和非保本浮动收益类两种。

保本浮动收益：指商业银行根据约定条件向客户保证本金支付，

依据实际投资收益情况确定客户实际收益，本金以外的投资风险由投资者承担的理财产品。此类产品将固定收益证券的特征与衍生交易的特征有机结合，是我们常说的"结构型理财产品"。例如，2008 年 3月，东亚银行推出一款名为"聚圆宝 8"的理财产品。该产品提供到期日 100% 投资本金保证，并根据 1.5 年后结算日牛奶及小麦两者中的最逊色商品的表现（即收市价相对其开始价格而言），来厘定到期投资收益。

非保本浮动收益：非保本浮动收益类产品指商业银行根据约定条件和实际投资情况向客户支付收益，并且不保证本金安全，投资者承担投资风险的理财产品。例如，招商银行 2008 年 2 月推出的"金葵花"新股申购 17 期理财计划，产品期限为 9 个月，持有到期的预期年收益率为 7% ~ 20%，收益上不封顶。

三、按照投资方式分类

（1）打新股产品。

顾名思义，此类产品就是集合投资者资金，通过机构投资者参与网下申购提高中签率，以达到投资目的。打新股产品是中资银行的专利。2007 年，几乎所有的中资银行都推出了打新股的理财产品。

（2）债券类型产品。

主要投资于国债、政策性金融债等低风险产品，是风险较低的银行理财产品之一。

（3）结构性理财产品。

结构性产品将产品本金及回报与信用、汇率甚至是商品价格波动相互联动，以达到保值和获得更高收益的目的，收益率是浮动的。结构性产品收益率在银行理财产品中是最高的，结构性理财产品中，目前与股票、基金挂钩的理财产品收益率相对更高，是结构性理财产品的领跑者。但由于风险高，收益的不确定因素也很多。

（4）信托类理财产品。

银行信托类理财产品通常将投资者的资金集中起来，打包委托给信托公司，贷款给公司或项目。一般来说，银行在发行这类理财产品时，基本上没有什么风险，因为银行会选择信誉好、风险小的公司或者项目发放贷款。由于 2008 年银行信贷从紧，企业贷款越发艰难，因此，银行通过发行信托类理财产品和票据"变相"贷款的意愿很可能加强。贷款类理财产品会迎来一个投资热点。

（5）QDII 理财产品。

取得代客境外理财业务资格的商业银行接受投资者的委托，将人民币兑成外币，投资于海外资本市场，到期后将本金及收益结汇后返还给投资者。中资银行在打新股产品上风光无限，而外资银行在QDII 产品上显现了其优势，这种优势体现在 2007 年 QDII 产品的发行数上。2007 年，外资银行发行的 QDII 产品数占到全部 QDII 产品数的 74.3%。外资银行这类产品之所以吸引国内投资者，一个原因在于其产品设计灵活，亮点多。比如，渣打银行设计的一款产品在风险规避方面通过期权等衍生工具的运用，能够将汇率风险等基本规避，而很多中资银行在设计上缺陷明显，风险暴露突出。

理财圣经

>>>>>>>>>

你可以选一个自己感兴趣的理财品种，再选定一个银行，连续关注了解三个月之后，如果还保持兴趣的话，可以用一小部分的钱来试试这方面的理财。

第九章

理性消费，花好手中每一分钱

一定要控制住你无穷的购买欲

一走进商场，看到琳琅满目的商品，我们的理智很可能便开始不听使唤了，一款时尚的手机，一个可爱的布娃娃，一串好看的风铃，甚至是一堆根本不需要的锅碗瓢盆都会被我们一股脑地搬回家。事实上，这些买回家的东西有的半年也不见得会用上一次，结果不仅占用了空间，而且浪费了钱财。

小莉最近要搬家，在整理屋子时，居然找出了9个基本没用过的漂亮包包，和12双没怎么穿过的鞋，有的鞋连商标都还在。这些东西"重见天日"的时候，小莉自己都很惊讶，她根本记不清自己何时买了这些东西，就更谈不上使用它们了。其实这些东西大多是小莉一时冲动买下的，有的是经不起店员甜言蜜语地劝说，有的是受不了商家打折的诱惑，还有的是自己看走了眼……买回来之后，她却发现这

如何控制购买欲

你看这个购物清单上还需要添加什么吗？一会儿我去超市。

去大卖场采购前，先清点一下家中日用品的储备，在购物清单上列出必须购买的商品和如遇打折可购买的商品。

有空时整理一下衣柜，对自己的衣服胸中有数，并且按照不同色调、风格做好搭配，这样就不会发生在类似衣物上重复花钱的事。

逛百货商店时记得适合自己的才是最好的，要保持清醒的购物头脑。见到喜欢的衣服、鞋子先别急着掏钱，再逛一圈，确定没有更中意的而自己还是很喜欢，再买也不迟。

些物品自己根本不喜欢，所以只好将它们"打入冷宫"，然后渐渐遗忘了。虽然现在扔掉这些物品小莉觉得确实可惜，不过为了减少搬家的负担和节约空间，也只好如此了。

其实，有不少人会买一些根本用不着的东西，比如不断地买各式各样的本子，但发现几乎没有几个用得上，全是用来"展览"的。时间长了，这些不必要的开支就很容易造成自己的、家庭的"财政危机"。大部分人都做过明星或者贵族梦，可现实生活中他们既不是明星大腕，也不是富有的贵族，所以并没有大把的钱财供自己挥霍，还是要学会控制自己的购买欲，节省开支。

（1）业余时间尽量少逛街，多读书看报，学习专业技能，这样既可以起到节流的作用，也能为开源做好准备。如果需要上街买东西，在逛街之前先在脑子里盘算一下急需购买的东西，用笔记下来，然后只买计划好的东西。尽量缩短逛街时间，因为在街上、在商场里逛的时间越长，越容易引起购买物品的欲望，最好是速战速决，买到急需的物品后，立即打道回府。

（2）逛街时最好找个人陪同，特别是购买衣服时，不要听导购员夸你几句漂亮、身材好之类的话就晕头转向，立即掏腰包买下不合适的衣服。要多听听同伴的意见，当然自己也要有主见，不要一时耳根软，买回家后只能让衣服压箱底，造成不必要的浪费。

意志比较薄弱的人不要陪朋友购物，因为这种人在陪购时，往往经不住商品的诱惑，朋友没动心，自己反倒买回一堆不需要的东西。对打折的物品或大甩卖、大减价的商品，购买之前一定要三思，不要因为价钱便宜就头脑发热，盲目抢购。因为这些物品往往样式过时或在质量上存在一些问题，买回来后使用寿命不长，反而得不偿失。

（3）心情不好的时候也千万不要上街购物。以发泄的心态购物，待情绪稳定以后，一定会追悔莫及。喜欢上某物品，先不要着急购买，克制一下迫切需要的心态。冷静几天后，如果还是想买，热情丝毫未减，这时再做购买的打算也不迟。

（4）做好消费计划。好多人买东西缺乏计划性，常在急需的时候才匆匆忙忙跑进商店买东西，结果根本来不及选择、比价；当季的衣服一上柜就掏腰包，以至于买到的永远都是高价货。买东西总喜欢零零星星就近购买，费时费力，还常花冤枉钱。做好消费计划可是一门学问，细到不能再细才好，包括购物时机和地点，再配合时间性或季节性，就会省下不少开销。比如，你可以把每一段时间需要的东西列一个清单，然后一次性购买，不仅省时，而且利于理性消费。还要尽量减少购物次数，因为货架上琳琅满目的陈列品很容易让你的购买欲一发不可收拾，结果便是无限量超支。

理财圣经 >>>>>>>>

购买欲是造成我们"财政危机"的主因，所以我们要通过少逛街、做好消费计划等方面着手节省开支。

只买需要的，不买想要的

现在的商品琳琅满目、种类繁多，精明的商家又花样百出，喜欢用大幅的海报、醒目的图片和夸张的语言吸引你，时时采取减价、优惠、促销等手段，有时特价商品的价格还会用醒目的颜色标出，并在原价上打个"×"，让你感到无比的实惠。这让很多人都在这种实惠的假象中误把"想要"当"需要"，掏钱购买了一大堆对自己无用的东西。

如果你面对诱惑蠢蠢欲动，但是又发现物品的价钱超出你的承受能力，那么你应该分析"想要"和"需要"之间的差别，并在购物时提醒自己要坚持一个原则，那就是只买需要的，不买想要的。

把钱和注意力集中在有意义的或是有用的东西上才值得，如果是真的需要，那么可以在其他支出方面节省一些，在你的预算范围内，还能抽出钱来购买所需的东西；如果只是单纯的"想要"，想一想那些因你冲动购买而仍被闲置的物品吧，你还要再犯相同的错误吗？

其实，人们对物品的占有欲与对物品的需求没有什么关联，你可能并不是因为需要某样东西才想去拥有它。此时不妨先冷静一下，转移注意力，当你隔几天再回头看时，说不定发现你已经不想要那个东西了。这样，尽管你买的东西比想要的少，但是能收益更多，并逐渐养成良好的消费习惯。

圣地亚哥国家理财教育中心提出了"选择性消费"的观念，就像下列情况，你不应该对自己说："我该不该买这东西？"而应该问："这东西所值的价钱，是不是在我这个月的预算内？是否正是我所要花的钱？"换句话说，你要问问自己，这东西到底是不是必须得买的，而不是仅仅问自己这笔钱能不能花。

不要误以为这种选择性消费很简单，其实它并不简单，需要我们不断地练习。首先你要给自己一些选择，先列出物品的优先顺序，然后再列出一个购物清单。问问自己，用同样的金额，还可以购买哪些东西？至少去比较三个不同商品的价格、服务和品质，你将会看到什么事情发生？你的消费是可以掌控的，你要远离错误的习惯、冲动或者是广告，你将能够购买真正想要的东西。如果养成了这个习惯，就能够聪明地消费，并存下省下来的钱。

在你养成选择性消费的习惯之前，必须先知道怎么处理你的金钱。通常人们在还没改变消费习惯之前，是不会开始储蓄的。除非你能增加所得，否则要多存一点，就必须少吃一点。为了克服花钱随心所欲的习惯，首先在消费前先问自己几个必要的问题：

一、为什么要买

一般说来，月收入首先要保证生活开支，而后才能考虑发展消费与享受消费。杜绝攀比跟风要贯彻始终，否则，势必使消费结构偏离健康态势，导致捉襟见肘。任何一个人在添置物品之前，尤其是购买那些价值较高、属于发展性需要的大件时，总是会郑重地权衡一下是否必须购置，是否符合我们的需求，是否为我们的经济收入和财力状况所允许。

二、买什么

从生存需求来看，柴米油盐等属于非买不可的物品；从享受性需求来看，美味可口的高档食品、做工考究的精美服饰要与自己的经济实力挂钩；从发展性需求来看，音响是否高级进口、彩电是否超平面屏幕、沙发是否真皮等，虽是生活所需，但也并非"必需"，孩子的教育开支则应列入常备必要项。因此，添置物品应该进行周密的考虑，切不可脱离现实，盲目攀比，超前消费。

三、什么时间去买

买东西选择时机是十分重要的。如在夏天的时候买冬天用的东西，冬天时买夏天用的东西，反季购买往往价格便宜又能从容地挑选。有时有的新产品刚投入市场，属试产阶段，往往质量上还不够稳定，如为了先"有"为快或为了赶时髦而事先购买，就有可能带来烦恼和损失。不急用的物品，也不要"赶热闹"盲目消费，不妨把闲散的钱存入银行以应急，等到新产品成熟或市场饱和时再购买，就能一块钱当作两块钱花，大大提高家庭消费的经济效益。

四、到什么地方去买

一般情况下，土特产品在产地购买，不仅价格低廉，而且货真价实；进口货、舶来品在沿海地区购买，往往比内地花费要少。即使在同一地方的几家商店内，也有一个"货比三家不吃亏"的原则。购物时应多走几家商店，对商品进行对比、鉴别，力争以便宜的价格买到称心的商品，只要不怕费精力、花时间。

花钱没有错，花钱可以买到你需要的东西，可以让你充分享受人生。但也不要随心所欲地挥霍，在花钱时先问自己一些问题，时常保持清醒的头脑，从自己的具体情况出发，有选择性地消费，这样，你会享受到更多花钱的乐趣。

理财圣经   >>>>>>>>

面对多种商品以及打折、广告的诱惑，要想控制好蠢蠢欲动的购买欲，就得分析"想要"和"需要"之间的差别，只买需要的，不买想要的。

只买对的，不买贵的

一个穷人家徒四壁，只得头顶着一只旧木碗四处流浪。一天，穷人上了一条渔船去当帮工。不幸的是，渔船在航行中遇到了特大风浪，被大海吞没了。船上的人几乎都淹死了，只有穷人抱着一根大木头，才幸免于难。穷人被海水冲到一个小岛上，岛上的酋长看见穷人头顶的木碗，感到非常新奇，便用一大口袋最好的珍珠、宝石换走了木碗，还派人把穷人送回了家。

　　一个富翁听到了穷人的奇遇，心中暗想："一只木碗都能换回这么多宝贝，如果我送去很多可口的食品，该换回多少宝贝！"富翁装了满满一船山珍海味和美酒，找到了穷人去过的小岛。酋长接受了富人送来的礼物，品尝之后赞不绝口，声称要送给他最珍贵的东西。富人心中暗自得意。一抬头，富人猛然看见酋长双手捧着的"珍贵礼物"，不由得愣住了：它居然是穷人用过的那只旧木碗！

　　故事中，穷人和富翁之所以会有如此截然不同的结局，归根结底是因为这个岛上的酋长对于"最珍贵的东西"这个概念有着和常人不一样的理解。在他看来，珍珠、宝石是最不值钱的东西，而那只旧木碗则是最珍贵的宝物，因此，当富翁用山珍海味款待了他之后，他才会将"最珍贵的东西"献给富翁，以表达自己的感激之情。这里的珍珠、宝石和木碗的价值逆差在经济学中被称为"价值悖论"，用于特指某些物品虽然实用价值大，却很廉价，而另一些物品虽然实用价值不大，却很昂贵的一种特殊现象。

　　对于"价值悖论"的概念，早在200多年前，著名的经济学家亚当·斯密就在《国富论》中提到过，他说："没有什么能比水更有用，然而水却很少能交换到任何东西。相反，钻石几乎没有任何使用价值，却经常可以交换到大量的其他物品。换句话说，为什么对生活如此必不可少的水几乎没有价值，而只能用作装饰的钻石却索取高昂的

做到"精明消费"需要把握 3 个原则

有时候贵的并不一定是最好的，物美价廉才是我们最终的追求。要想买到物美价廉的商品，需要把握以下原则：

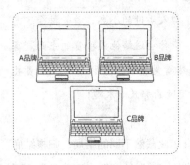

货比三家不吃亏	巧用促销巧省钱
购物之前，特别是购买大件商品之前，必须货比三家，了解商品的市场价位。货比三家有利于更好地做选择。	如果购买的是必需品，在商家的促销时间购买可以巧妙地为自己省钱。

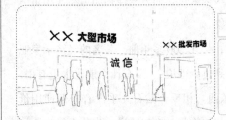

多在大型市场或批发市场购物

大型市场或批发市场可选择的商品余地比较大，且价格多实惠公道，可以更好地理性消费。

价格?"这就是著名的"钻石与水悖论"。如果用我们今天的经济学知识来解释这一现象其实并不难。

我们知道,一种商品的稳健价格主要取决于市场上这种商品的供给与需求量的平衡,也就是供给曲线和需求曲线相交时的均衡价格。当供给量和需求量都很大的时候,供给曲线和需求曲线将在一个很低的均衡价格上相交,这就是该商品的市场价格。比如说水,水虽然是我们生活中必不可少的一种商品,但它同时也是地球上最为普遍、最为丰盈的一种资源,供给量相当庞大,因此,水的供给曲线和需求曲线相交在很低的价格水平上,这就造成了水的价格低廉。相反,如果该商品是钻石、珠宝等对人们生活需求不是很大的稀缺资源,那么它的供给量就会很少,供给曲线和需求曲线将在很高的位置上相交,这就决定了这些稀缺资源的高价位。通俗地讲,就是物以稀为贵,什么东西少,什么东西不容易得到,那么什么东西就会拥有高价位,这就是价值悖论的根本原因。

那么,价值悖论和理财又有什么关系呢?我们知道,理财包括生产、消费、投资等多个方面,而价值悖论原理在家庭理财中的运用就是针对消费方面来说的,具体而言,就是针对消费中如何"只买对的,不买贵的"这一微观现象而言的。

第一,不要什么东西都在专卖店里买。专卖店里的东西一般来说总是比大型商场或超市里的东西要贵很多,因此,我们要有选择地在专卖店里买东西。对于一些工作应酬必须穿的高档服装或是家电等耐用消费品来说,最好去专卖店里选购,因为专卖店里的商品一般来讲都有很好的货源和质量信誉保证,因此在售后服务方面会比商场和超市要好一些。但是对于一些无关紧要的生活用品,比如运动鞋、居家服装等就没有必要非要到专卖店里选购了。这样一来，我们就可以为家庭省去很多不必要的开支。

第二，选购电器不要盲目追求最新款。很多商家都会在你选购家电的时候向你推荐一些最新款式或最优配置的商品，这些拥有最新性能的商品由于刚刚上市，往往价格都比其他商品高出许多。这时候就需要消费者对自己的实际需求做一个初步的评估，切不可不顾自己的实际需求盲目追求最新款。尤其是在选购电脑上，除非你是一位专业制图人员或者专业分析软件的行家，否则不要一味地在电脑上追求最新配置。因为电子产品的更新速度简直太快了，或许你今天买的电脑是最优配置，但是明天就会有更新配置的电脑出现在市场上，消费者的步伐是永远赶不上产品更新换代的速度的。因此，我们在选购电子产品或者家电时一定要根据自己的实际需要，选择最适合我们的，而不是最贵、最好的。

第三，特别是女性，在选购化妆品上要结合自身的肤质、肤色和脸形选择适合自己的化妆品，不要盲目追求高档产品。爱美是每一个人的天性，尤其是女人，似乎天生对美丽有着乐此不疲的追求，于是带动了整个化妆品行业的风起云涌。但是，女性朋友们在选购化妆品的时候千万不能盲目神化高档化妆品的功效，而应该先对自己的肤质、肤色、脸形进行鉴定，并根据鉴定结果选择最适合自己的化妆品，确保物尽其用。比如，护手霜有很多种，价位也从几元到几百元不等，但如果你仅仅是想让自己的玉手在冬天仍保持滋润白嫩而不至于干裂，完全可以选择几元一瓶的甘油或者更便宜的雪花膏，根本没必要买几百元的高档产品。

第四，购置房产要量力而行，不要一味追求面积。拥有一套宽敞明亮的大房子是现在很多人的梦想，尤其是对于那些初涉社会的年轻人来说，这更是一个梦寐以求的事情。但是，很多人在购房时都会有这样一个误区，认为房子越大越好。其实，这是一种虚荣的表现，更是家庭理财中的大忌。以一个标准的三口之家为例，选择一套 70 平方米两室一厅的住宅就已经足够用了，如果按照每平方米 5000 元的均价计算需要 35 万元，但如果他们选购的是一套 120 平方米的住宅，就将多花 25 万元，这还不包括装修费用、物业费用、取暖费用和打扫房间的时间成本，况且，由于人少，房间并不能得到充分的利用，实际上是一种资源的浪费。因此，我们在买房的时候一定要根据自己的需要买最适合自己的房产。

只要我们时刻将自己的实际需求放在首要位置，恪守"只买对的，不买贵的"的原则，我们就一定能够让财富发挥出最佳的功效来。

理财圣经

>>>>>>>

理财关键点：只买对的，不买贵的。

消费陷阱，见招拆招

在我们的生活中，处处存在消费陷阱，我们一定要擦亮眼睛，不要让那些刻意制造陷阱的人有机可乘。

陷阱一：抬价再打折。

田田上周末在某商场看上一双长靴，刚到膝盖的长度、镂空的花纹、中性的鞋跟设计，正是自己心仪已久的款式。田田一见商场在搞岁末促销，不由得心动，虽然后半个月手里只剩下 1000 元钱，但她还是狠狠心买下了这款打折后 800 多元的长靴。

三天后，田田陪好友到其他商场，看见同一款靴子价格竟然比自己买的时候便宜了 100 多元，店员说这个活动已经在所有专卖店搞了近一周了。田田听了后悔不已，想去换鞋，可自己已经穿了三天，也找不到适当的理由。

见招拆招：人为制造卖点已经不是什么稀奇的事情，消费者遇到这种情况时一定要保持冷静。

应对措施：

按照个人的需求和经济条件来选购商品。

货比三家。

陷阱二："免费"不免。

吴先生反映，自己好好的身体在一家检测身体微循环的免费摊位前被忽悠成了内分泌失调。摊主一通讲解，最后向吴先生推销他们几百元一个疗程的保健食品，吴先生想方设法摆脱摊主的纠缠，逃也似的离开了该摊位。之后吴先生还不放心地去体检中心认真检查了一遍。

见招拆招：为推销产品，厂商可谓花招迭出，打着"义诊"和"免费咨询"旗号把产品说得神乎其神，特别是一些中老年人很容易掉入陷阱。像商场中免费测试的柜台，在那里检测身体，没病也可能被说成大病。

应对措施：

保健品不具备治病功效，不要被商家迷惑。

对承诺先购买保健品，再"实行返款"的厂商要特别警惕。

不要光顾免费摊点。

陷阱三：网上消费"钓鱼"。

老张说，自己曾当了回"大鱼"，让网上卖家放长线给骗了。事情是这样的：老张看上了一款手机，由于早已是此店的熟客，因此他下意识地将钱直接打到了店主账上。

见招拆招：网上不法分子惯用的行骗伎俩是：伪造各种证件和身份以骗取网民的信任；在网页上以超低价商品或优惠的服务广告"钓鱼"；先以少量的商品和费用将客户套住后反复地敲诈，当钱财到手后立即销声匿迹。

应对措施：

不要轻信广告和贪图便宜。

不论与卖家是否熟识，购买大件商品或进行大额交易，应采取货到付款方式，并且要在当面验货和检查相关凭证以后再给钱。

陷阱四：短信服务"中大奖"。

网友木头苦于手机被短信小广告轰炸。木头用的是全球通的号码，据他说，估计自己的号码十有八九被泄露出去了，什么装卫星电视啊、你刷卡消费了、你收到祝福点歌了，每天都能收到十几条。最可恶的就是夜里两点多，小广告还在不停地发着。

见招拆招：至今仍有个别的运营商以免费服务、祝福或点歌、"中大奖"等为诱饵，骗取消费者的钱财。

应对措施：

当出现陌生者的短信时，要有所警觉，若贸然回复就正中了不法运营商的奸计。

在接到"中了某项大奖"的告知时要坚信"天上不会掉馅饼"。

碰到确实需要的信息服务时，应把服务内容和资费标准都了解清楚后再回复。

要留意查验每月的资费清单，发现问题及时询问或向有关方面投诉。

陷阱五："缩水"低价旅游。

马上就是元旦3天假期，旅行社的超低报价和"黄金线路"再度成为招徕游客的吸引点。赶上旅游淡季，小花表示，在某网站上看到的"一元团"报价确实诱人，但曾经被导游忽悠买了上千元没用饰品的小花决定不再上当了。小花说，虽然团费是便宜，后面还有购物等着你，实际的服务项目和服务质量会大打折扣。

见招拆招：旅行社的报价越低，旅行中的个人额外开支可能会越多，同时交通和食宿的条件也相对较差。

应对措施：

出行前要对组团的旅行社和出游的线路进行筛选和判断。

一旦真的选择了低价旅游，不要因导游的脸色而勉强接受购物，否则，到时候吃亏的还是自己。

理财圣经

>>>>>>>>

商家总是会处心积虑地设计各种消费陷阱，消费时一定要擦亮眼睛，识别出陷阱并见招拆招。

别因为"最低价"轻易打开你的钱包

曾经流行过这样一句顺口溜——七八九折不算折，四五六折毛毛雨，一二三折不稀奇。商场里几乎天天都有打折活动。爱逛街的人都知道，现在商家打折的花样可谓五花八门，层出不穷，没有细心研究过、不明真相的人，还真能被迷惑。打折其实就是随意定价的结果，有的商家表面上是打折，可实际上是在变相地涨价。比如商品打折，本来是一百块钱的商品，它将原价提到两百元，打六折反而卖一百二十元，价格不降反涨。

很多商场经常标出"全场几折起"的牌子，女孩们请注意，千万不要小瞧了这个"起"字，这个"起"字可是给了商家很大的活动空间。很多时候我们都会误以为是所有商品都打折，等去付款的时候才发现仅是部分商品打折。据知情人士透露：实际上真正打这个折扣的商品不足50%。再说那么多商品，利润各不相同，怎么能一刀切地定在六折呢？其实，各个商场的货都是差不多的，打折的幅度在同一时间段也不会有什么大的变动，且很多大品牌是不参加商场的打折活动的，它们的促销都是全市连锁店统一搞活动。还有很多新品同样不参加活动，真正打折的，往往都是那些过时、过季的滞销货。

还有一些商家不断推出免费品尝、咨询、试用等形形色色的促销活动，待消费者免费消费过后，才知道所谓的"免费"其实是"宰你没商量"。年轻的单身贵族消费具有很大的随机性，因此常常上"免费"的当。

佳佳在一个手机专卖店买了一款手机，付钱时随赠优惠券一张，优惠券上说了好多优惠活动。比如赠送一张十寸的照片，一张水晶照片，免费三个化妆造型，免费拍照20张。听起来很是诱人。于是，她去了，结果呢？化妆免费，可是粉扑10元一个，假睫毛20元一对；造型免费，能选的衣服比路边小摊的还差，稍好一点的衣服穿一下 5 元；照片洗出来后，先给你看洗成一寸的小照片，这些小照片你想要的话，每张 2 块钱。从里边你选想要放大的照片，洗一张 20 元，如果你只要送的，那些素质很低的业务员会告诉你，他们业务太忙，你想要的话一个月以后来取。另外，还有 20 元的拍照押金，交的时候说以后肯定退，结果退的没有几个人。最后，佳佳花了 200 多元但是依然没拿回底片。

对于那些"买一送一"的广告，我们也要保持警惕，送得越多，更要加倍小心，小心有以下几种：其一，礼券的购买受到严格控制，也就是说，没有几个柜台参加这个活动，只要稍加留意就会看到"本柜台不参加买 ×× 送 ×× 的活动"的不在少数。其二，到了秋装上市的季节，那些夏天的货品就快下架了，需赶紧处理。这就意味着你在今年也没多少时日穿它了。其三，连环送的形式送得"有理"，由于实际消费过程中一般不可能没有零头，这就无形中使得折扣更加缩小，商家最终受益。其四，要弄清楚送的到底是 A 券还是 B 券，A 券可当现金使用，而 B 券则要和同等的现金一起使用。

所以，在面对商场打折的巨大诱惑时，我们不能凭着热闹一时冲动，要分清打折的虚实，如果有时间的话最好多逛几个商场进行对比，没有时间就尽量买最需要的产品，千万不要仅凭打折一条就狂购一大堆平时根本用不到的东西。

理财圣经　　　　　　　　　　　　　　　　>>>>>>>>

面对商家那些看似很诱人的销售手段，我们一定要擦亮自己的眼睛，用心辨别，以免上当受骗。

这些消费心理误区你是否也有

消费者在购物过程中，对所需商品有不同的要求，会出现不同的心理活动。这种消费心理活动支配着人们的购买行为，其中有健康的，也有不健康的。不健康的我们称之为消费心理误区。为了不过那种上半月富人、下半月穷人的尴尬生活，为了望着一时冲动买回来的无用物而感叹的事少发生，我们要学会花钱，走出消费心理误区，做个聪明的消费者。

一、盲从心理

很多人在购物认识和行为上有不由自主地趋向于同多数人相一致的购买行为。

盲目追随他人购买，表面上是得到了某种利益，事实却并非如此。很多人都曾受抢购风的影响而买回一大堆东西，事后懊悔不已。消费者的合理消费决策必须立足于自身的需要，多了解商品知识，掌握市场行情，才能有效地避免从众行为导致的错误购买。

二、求名心理

许多人在购物时都容易有求名心理。

名牌是生产者经过长期努力而获得的市场声誉，名牌代表高质量，代表较高的价格，代表着使用者的身份和社会地位。如果消费者为了追求产品的质量保证，或者为了弥补自己商品知识不足而导致购物后的懊悔而选择名牌产品，那是明智的；但如果买名牌是为了炫耀阔绰或其他名牌带来的其他什么，以求得到心理上的满足，则是陷入了购买名牌的误区。

学会理智消费，走出消费误区

在五花八门的市场中，商家费尽心机，根据消费者的消费心理，设下了种种陷阱，诱惑消费者步入误区。做一个聪明的消费者，不当"冤大头"，要抛开三种消费心理。

买那么多，又超计划了！

不可冲动消费

在消费中，大家很容易陷入随意消费状态，这常常会引起"冲动性消费"。在消费中，要多一些理智，多一些计划，别在商家的诱导下冲动消费。

不可从众消费

"从众心理"是大家都容易犯的通病。我们在买东西时要做到个性消费，不从众，不趋时，冷静对待。

这么多人买啊，等等我，我也买！

不可盲目消费

消费者的消费常常误入盲目性。在消费中，要做到别盲目轻信"打折"，别盲目轻信广告，该出手时再出手，自然会买到物有所值的商品。

三、求廉心理

求廉心理在消费者的购买行为中表现得最为突出，其中主要原因是经济收入不太充裕和勤俭持家的传统思想，用尽可能少的经济付出求得尽可能多的回报。

所谓物美价廉，这种想法是不错的，但它也可能产生消极的后果。一方面，求廉心理引导着消费者低水平消费、吝啬消费；另一方面，有的消费者的求廉心理走向极端，购物时永远把价格便宜放在第一位，进而发展为只要是廉价商品，不管有用没用照买不误。所以有求廉心理的消费者在市场上寻求价廉商品的同时，必须考虑商品的实用性和一定的质量保证，否则会得不偿失。

走出消费误区，你才能做到理智消费。

理财圣经　　　　　　　　　　　　　　　　　　　　>>>>>>>>

为了避免消费冲动，我们要学会花钱，克服盲从心理、求名心理、求廉心理等消费心理误区。

第十章

精明省钱，省下的就是赚到的

省一分钱，就是赚了一分钱

省钱也是一门技术，不要以为钱多的人就不在乎小钱，也不要以为跨国企业等大企业就有多么"豪爽"。日本很多公司的产品都成功地打入了欧美市场，它们靠的就是节约精神。比如日立公司，它的成功可以归结于该公司的"三大支柱"——节约精神、技术和人。日立公司的节约精神闻名于世，正是这种节约精神给日立公司带来了巨大的经济效益。

在暑气逼人的炎热夏日，日立的工厂里不但没有冷气设备，甚至电扇都极少见。他们认为：日立工厂的厂房高三十米，又坐落在海滨，安装冷气太浪费了。厂里还规定用不着的电灯必须熄灭。午休时留在房间里的员工一律在微暗的角落里聊天。只有当有事时，他们才伸手拉亮荧光灯。在日立总部也是这样，客人在办公室坐定，日立的员工才去拉灯绳开灯。

无独有偶，根据纽约大学经济学教授伍尔夫曾发表的统计报告，比尔·盖茨的个人净资产已经超过美国40%最贫穷人口的所有房产、退休金及投资的财富总值。简单来说，他6个月的资产就可以增加160亿美元，相当于每秒有2500美元的进账。互联网上有人据此编了个笑话，说盖茨就算掉了一张一万美元的支票在地上，他也不该去捡，因为他可以利用这弯腰的5秒钟赚更多的钱。

　　然而，盖茨的节俭意识和节俭精神却让人敬佩。

　　一次，盖茨和一位朋友同车前往希尔顿饭店开会，由于去迟了，以致找不到停车位。他的朋友建议把车停到饭店的贵宾车位上，但是盖茨不同意："噢，这可要花12美元，可不是个好价钱。""我来付。"他的朋友说。"那可不是个好主意，"盖茨坚持不将汽车停放在贵宾车位上，"这样太浪费了。"由于比尔·盖茨的固执，汽车最终没有停在贵宾车位上。

　　难道盖茨小气、吝啬到已成为守财奴的地步了？当然不是。那么到底是什么原因使盖茨不愿意多花几美元将车停在贵宾车位上呢？原因其实很简单，盖茨作为一位天才的商人，深深地懂得花钱应像炒菜放盐一样恰到好处，哪怕只是很少的几元钱也要让其发挥出最大的效益。他认为，一个人只有当他用好了自己的每一分钱，他才能做好自己的事情。

　　美国有位作者以"你知道你家每年的花费是多少吗"为题进行调查，结果近62.4%的百万富翁回答"知道"，而非百万富翁则只有35%知道。该作者又以"你每年的衣食住行支出是否都根据预算"为题进行调查，结果竟是惊人的相似：百万富翁中做预算的占2/3，而非百万富翁只有1/3。进一步分析，不做预算的百万富翁大都用一种

节约生活开支的 4 个窍门

懂得一些生活理财的窍门，会帮你节约一大笔开支，让生活变得有滋有味。

去超市集中购买日常用品

旅游挑选淡季

每天关注商家的折扣信息

环保出行

特殊的方式控制支出，即造成人为的相对经济窘境。这正好反映了富人和普通人在对待钱财上的区别。节俭是大多数富人共有的特点，也是他们之所以成为富人的一个重要原因。他们养成了精打细算的习惯，有钱就好好规划，而不是乱花。他们省下手中的钱，然后用在更有意义的地方。

节省你手中的钱，对你个人的意义很大。节省下来的钱可以放到更有意义的地方。如果拿去投资，也许，你省的就不只是一分钱了。对一个企业而言，节俭可以有效地降低成本，增加产品的市场竞争力。

珍惜你手中的每一分钱，只有这样，你才能积聚腾飞的力量，才能有拥有获取百万家财的可能。

理财圣经

>>>>>>>>

不要轻视小钱，节省一分钱，就相当于赚了一分钱。珍惜你手中的每一分钱，这样的话你的财富会越积越多。

跟富豪们学习省钱的技巧

2008年3月6日，《福布斯》杂志发布了最新的全球富豪榜，资本投资人沃伦·巴菲特取代了比尔·盖茨成为新的全球首富。当有人打电话祝贺这位新晋首富时，沃伦·巴菲特却幽默地表示："如果你想知道我为什么能超过比尔·盖茨，我可以告诉你，是因为我花得少，这是对我节俭的一种奖赏。"

盖茨针对巴菲特的言论回应时说道，他很高兴将首富的位置让给沃伦。上周末他们一起打高尔夫球时，沃伦为了省钱居然用邦迪创可贴代替高尔夫手套，虽然打起球来不好使，但沃伦毕竟省了数美元。沃伦当选首富的主要原因，不是伯克希尔公司股票的上涨，而是在这点上。

事实上，巴菲特能荣登全球首富并不是靠不愿买手套这种省钱方法，但巴菲特的个人生活确实非常简单。他住的是老家几十年前盖的老房子，就连汽车也是普通的美国车，用了 10 年之后才交给秘书继续使用。他也经常吃汉堡包、喝可乐，几乎没有任何奢侈消费。真正的大富豪都是"小气鬼"，不信你再看看比尔·盖茨，看看李嘉诚，那些富豪，在生活中又是怎么省钱的。

一、比尔·盖茨：善用每一分钱

据说有人曾经计算过，比尔·盖茨的财富可以用来买 31.57 架航天飞机，拍摄 268 部《泰坦尼克号》，买 15.6 万部劳斯莱斯产的本特利大陆型豪华轿车。但实际上，比尔·盖茨只有位于西雅图郊区价值 5 300 万美元的豪宅可称得上奢华的设施。豪宅内陈设相当简单，并不是常人想象的那样富丽堂皇。盖茨曾说过："我要把我所赚到的每一笔钱都花得很有价值，不会浪费一分钱。"

二、"小气鬼"坎普拉德

瑞典宜家公司创始人英瓦尔·坎普拉德是拥有 280 亿美元净资产，在 30 多个国家拥有 202 家连锁店的大富豪。在 2006 年度《福布斯》全球富豪榜上排名第四的坎普拉德，却被瑞典人叫作"小气鬼"。有人这样描述他：至今开着一辆有着 15 个年头的旧车；乘飞机最爱选的是"经济舱"；日常生活一般都买"廉价商品"，家中大部分家具也都是便宜好用的家具；他还要求公司员工用纸时不要只写一面。

从这一个个"小气"的细节中，我们可以看出坎普拉德崇尚节俭的人生境界。在公司内部提倡节俭，他自己是当之无愧的"节俭"带头人，已经成为全公司上下学习的典型。节俭是一种美德、一种责任，是一种让人自豪的行为，一种律己的行为。

三、李嘉诚：不浪费一片西红柿

李嘉诚在生活上不怎么讲究，皮鞋坏了，李嘉诚觉得扔掉太可惜，补好了照样可以穿，所以他的皮鞋十双有五双是旧的；西装穿十年八年是平常事。他坚持身着蓝色传统西服，佩戴的是一块价值26美元的手表。

一次，李嘉诚在澳门参加一个招待会。宴席快结束时，李嘉诚看到他桌子上的一个盘子里剩下两片西红柿，就笑着吩咐身边的一位高级助手，两人一人一片把西红柿分吃了，这个小小的举动感动了在场的人。

四、"抠门"的李书福

在吉利集团董事长李书福身上，最著名的是他那双鞋。一次在接受采访时，李书福曾当场把鞋脱下，表示这双价格只有80元的皮鞋为浙江一家企业生产，物美价廉，结实耐用。

他还边展示自己的鞋子边说："今天太忙没有擦亮，擦亮是非常漂亮的。"其实这双鞋已经穿了两年了。接着，他拉着自己的衬衣问旁边的助理："咱们的衬衣多少钱？""30元。"助理回答。"这是纯棉的，质量很不错。"李书福说道。

据吉利内部人员透露，他们很难见到李书福买500元以上的衣服，让秘书去买西装时，他总是特别强调要300块钱一套的。平时，李书福也总穿一件黄色的夹克，在厂区干脆就穿工作服，好像就只有

省钱技巧

设定目标，将目标细化

一个人或一个家庭为了某一特定目标设立专门的储蓄账户对储蓄率有着特殊的效果。当一个人明确他为什么要储蓄时，这种行为就发自内心，也就有了内在的动力。

避免负债

负债等于给自己套上了枷锁，吞噬自己的现金流，所以要做到最大限度地减少负债，这样才能避免不必要的开支。

在日常生活中节俭

事实上在人们日常的生活中随时可以做到节俭，比如，买东西时货比三家、多使用折扣券、多利用商家促销的机会。这样做其实不难，但需要有耐心和长期坚持。

对花销记账

在日常生活中，养成记账的习惯，可控制花钱大手大脚，也对自己的财务状况能有更清楚的了解，避免寅吃卯粮。

一套稍好点的西服，是他在非常重要的场合才穿的形象服。

五、王永庆：吃自家菜园的菜

王永庆是台塑集团创始人，个人资产多达 430 亿元人民币的他生活非常简朴。他在台塑顶楼开辟了一个菜园，母亲去世前，他吃的都是自己种的菜。生活上，他极其节俭：肥皂用到剩下一小片，还要再粘在新肥皂上直到用完为止；每天做健身毛巾操的毛巾用了 27 年。

理财圣经

>>>>>>>>

省钱绝对不是小家子气，财富中的很大一部分是省出来的。

精致生活一样可以省出来

某校有一个从遥远的地方来的青年，据说，他要是回一次家，得先坐火车，再坐汽车，之后是马车，之后是背包步行……总而言之，他的家是常人无法想象的遥远。

一个黄昏，他讲了他母亲的故事。这是一位在困窘环境中生活着的瘦削美丽的母亲，她经常说的话是："生活可以简陋，但却不可以粗糙。"她给孩子做白衬衫、白边儿鞋，让穿着粗布衣服的孩子们在艰辛中明白什么是整洁有序。他说，母亲的言行让他和他的兄弟姐妹们知道，粗劣的土地上一样可以长出美丽的花。人们终于明白，为什么那个养育他成人的窑洞里，会走出那么多有出息的孩子。

和这青年同一寝室的一位朋友，是富裕家庭里的"宝贝"。他的父母生了 4 个孩子，只有他一个男孩。他来上大学，他的母亲一下子给他买了 10 套衣服，可是，没有一件被他穿出点儿模样来。他总是随随便便地一扔，想穿了就皱皱巴巴地套上，头发总是在早晨起来变得"张牙舞爪"，怎么梳都梳不顺。他最习惯说的一句话是："一切都乱了套。"他总也弄不明白，住对床的室友，怎么每一天的日子都过得有滋有味。他的床上，横看竖看都很乱，而对面那张床，洗得发白的床单总是铺得整整齐齐。

那个窑洞里走出的青年，就这样在大家赞叹的眼神中读完了大学，带着爱他的姑娘，到一个美好的城市过着美好的生活。

要拥有精致的生活，当然"随便"不得，追求高品质是每个人的生活目标，但高品质不等于高消费。我们既要自己高兴又不能让钱包不高兴，其实合理、精明的消费完全可以经营出高品质的生活。

琳琳在结婚前装修了房子，那套美丽的新房给人的感觉是投掷万金，而她并不否认自己花费颇多，但也不无得意地说自己狠狠赚了一把。概括她的原话，大意便是：会花钱就是赚钱。此话怎讲？

原来，琳琳个性独立，创意颇多，在装修前她先是列了一份详细的计划书。不像其他人装修房子时，总将一切包给装修队，然后花上几万元落个省事清静，有空时才充当监工角色做一番检查。琳琳是将这装修当成工作的一个重要调研项目来完成的。从选料选材、看市场，到分门别类挑选工人，她足足花了两个月的时间。最后，这个新房的装修花费总价只有广告上最便宜的价位的一半！

琳琳的喜悦不单单是省了这笔本不可少的开支，更大的价值是在于完成一个自己全身心投入的工作时所带来的满足感。这之后的成就感同样加倍而来：闺中密友、邻居、客户纷纷前来取经，都抢着要研究那份详细的计划书。

精致的生活从服饰上可以看出来，服饰并不是新潮就好，合理搭配适合自己的才最好。

除了装修房子，琳琳也是个穿衣打扮的高手。在穿衣上既能穿出花样，又讲究经济实惠：花 1/3 的钱买经典名牌，多数在换季打折时买，可便宜一半；另 1/3 的钱买时髦的大众品牌，如条纹毛衣、闪色衫等，这一部分投资可以使你紧跟形势，形象不至于沉闷；最后 1/3 的钱花在买便宜的无名服饰上，如造型别致的 T 恤、白衬衫、运动夹克，完全可以按照你自己的美学观去选择。有时一件无名的运动夹克，配上名牌休闲长裤，那种"为我所有"的创造性发挥，才是最能显示眼光及品位的。

有条件就要过精致一点的生活，这是一种品位，是一种格调。但是不能将精致生活同高消费、奢侈品等同起来，精致生活除了要打造，更主要的是用心去经营。

理财圣经

>>>>>>>>

高品质不等于高消费，只要懂得精明的消费，花少量的钱也可以经营出高品质的生活。

消费未动，计划先行

林太太一直是一个很会规划的人，平时总是将自己的工作和生活安排得井井有条，但是林太太有一个致命的弱点，就是一到了超市或者遇到一些"商家挥泪大甩卖"的活动时，她总是会克制不住自己而买回一大堆并不需要的东西。

年关将近，为了让春节过得舒舒服服，林太太打算去商场买一些年货回来。她怕自己遗忘，还专门将自己想要买的东西列了一个清单，可是，当林太太到了商场以后，却发现满眼都是打折促销，到处都是降价优惠。林太太到处看，觉得这些降价商品似乎都是自己所需要的，即使是现在不需要，她也觉得以后会用上。于是，她不顾自己原先列好的那份购物清单，开始了乐此不疲的购物活动，再加上那些导购员的介绍和铺天盖地的广告造势，林太太最终超额完成任务，拎着大包小包的"胜利品"回来了。但是回到家，林太太看着这些"战利品"却后悔了，因为很多东西她根本就用不到。

从林太太的购物故事中，我们可以看到，消费其实也是一门很高深的学问，在商品日益丰富的今天，我们的消费欲望总是在主观和客观条件的刺激下无限增强，但是我们的收入却不是总能在短期内有较大幅度的提高，因此，盲目而冲动的消费活动不但不能给家庭带来快乐和幸福，还会让家庭财政陷入危机，让正常的消费活动受到干扰和破坏。也就是说，冲动消费、盲目消费和跟风消费都是家庭理财中的大忌，必须要时刻警惕，而我们唯一能做的就是学会理性消费，做一个聪明的消费者。

消费活动要理性！在我们的日常生活中，有很多地方是要花钱的，衣食住行需要钱，婚丧嫁娶需要钱，买房购车需要钱，社交应酬需要钱……似乎我们的一切活动都离不开金钱。但是，正因为这样，我们才应该学会花钱，把钱花到刀刃上。事实上，消费活动并

不失品质的新节俭主义

所谓"新节俭",不再是过去的节约一度电、一分钱的概念,也不是一件衣服"新三年,旧三年,缝缝补补又三年"的口号,而是对过度奢华、过度烦琐的一种摒弃,其本身的意义就是"简单生活"。

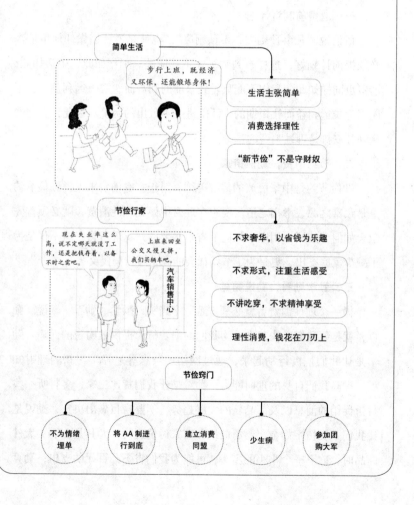

不单单指花钱购物，更多的是要物超所值，让金钱为我们的生活增加幸福的砝码。那么，如何做一个理性消费者呢？怎样才能将金钱花在最需要的地方呢？要解决这个问题，我们就必须对理性消费的特点进行更深一步的理解和学习，看看真正的理性消费者是怎样进行理财消费的。

一、消费前制订计划

俗话说"凡事预则立，不预则废"，也就是说我们做任何事情都必须提前计划好，这样事到临头才不会慌乱。工作如此，生活如此，消费也同样如此，我们不能只看到眼前的利益而忽视长远利益，也不能因为长远利益而让短期的生活陷进入不敷出的困境。因此，合理的规划和安排是理性消费的基础。

二、节约消费，勤俭持家

勤俭节约是中华民族的传统美德。对于家庭消费来说，勤俭节约更是致富之源、幸福之道。要想在理财中做到理性消费，就必须首先学会如何节约用水用电、如何节省不必要的开支等行为，这不仅是为了减少家庭支出，更是为了节约社会能源，履行公民义务。

三、勤学勤看，勤说勤算

做一个理性消费者就必须"勤"字当头，勤学、勤看、勤说、勤算，就是要我们勤快起来，为我们的消费行为提供最明智的保障。勤学是让我们积极行动起来，通过网络、杂志等途径学习新的理财知识，提高我们自身的理财能力；勤看是让我们货比三家，多打听一些打折促销的消息以及商品新的发展趋势，不要盲目做出决定；勤说是让我们不要惜字如金，要勇敢地和商家讨价还价，尤其是在购买大件商品时，砍下一个小小的零头就可能为我们省下几百元的支出；勤算是让我们要精于思考，善于识别商场中打折促销和购物返券活动中的内幕，尤其是在买房购车这样重大的投资上，一定要在按揭还贷上精打细算，因为很多时候，消费者所认识的年利率并不是真正的实际贷款年利率，而是以月为基数所计算的利息利率，这样一来，消费者就会在无形中多还银行很多钱，这并不是欺诈行为，而是由消费者的误解所造成的。

总之，理财"勤"为本，要想与商家斗智斗勇就一定要勤快起来，只有比商家更内行，才不会被商家的花言巧语所迷惑。

四、物尽其用，钱尽其能

很多人在选购商品时由于对产品性能和专业知识不了解，很容易受导购员的影响而犹豫不决。因为对于商家来说，赚钱才是硬道理，所以他们很少会站在消费者的立场去考虑商品对于消费者来说到底有多大的实际用途。

如果我们盲目听信广告或者商家的介绍，就很可能会陷入被动消费的泥潭中，导致我们的钱不能真正发挥出功效，因此，我们在选购商品之前首先应该将产品的性能与实际生活相比较，看看这些产品的性能到底对我们的用处有多大。比如，对于一般家庭，配置一般的电脑就已经够用了，而有些商家却在显卡、内存、处理器上将最优质的配置介绍给顾客，并不断向顾客讲解优等配置的种种好处，在这种情况下，很多消费者就会产生一种"一步到位"的消费冲动，将本来不适合自己的高档配置的电脑买回家，不但多花了几千块钱，很多功能还用不上，这对于理财来讲，就是莫大的浪费。

因此，我们在选购商品时一定要以"钱尽其用"为原则，不要盲目追求高品质、高性能，让我们买回来的每一件产品都能真正发挥出它的功效，这才是消费的目的。

理财圣经

做好计划，理性消费。

团购：与大家一起集体"抠门"

团购是团体采购的简称，也叫作集体采购，通常是指某些团体通过大批量向供应商购物，以低于市场价格获得产品或服务的采购行为。总体来说，对那些合法经营的商家来说，团购可以使商家节省相关的营销开支，扩大市场占有率；而对个人来说，团购可以节省一笔不小的开支，又省去很多奔波的麻烦，更是求之不得。

程程妈是典型的团购女。美国次贷危机，使她在 2008 年 7 月来了回团购"初体验"。后来，她决定"将团购进行到底"，"现在，能省一分是一分，降低成本也意味着提高收益"。

自从团购了一回儿童车后，程程妈再也不放过任何团购的机会，她把健身团、QQ 群、车友会、网站都利用了起来。当然最常用的还是在网络上，与本土人士集合起来进行团购。

现已成为"骨灰级"团购支持者的她骄傲地说，她家宝宝不管是用的还是吃的，不管是身上穿的还是头上戴的，几乎都是团购来的。程程妈说，团购的价格比市场上低很多，尤其是服装，跟商场卖的一样，都是正品，但价格只有商场的 50% 甚至更少。"团购的这些东西都是我和宝宝真正需要的。这样更省钱，也能减少开支。"

如何做到理性消费?

"购物狂"这个词越来越多地出现在我们的生活中,我们卷入一次又一次的购物狂欢节里,心甘情愿地掏腰包并且还乐在其中。那么我们在消费的时候怎么做到理性消费呢?

合理使用信用卡

合理使用信用卡才能使自己的生活质量得到改变,而不是把自己的生活带入一种还款的旋涡里。

面对大减价要淡定

如果你在超市大减价或者搞活动的时候冷静一点,想清楚是否真的需要这些东西。你就会少花很多的冤枉钱。

网上购物狂欢节要理性

网上的物品看似比实体店便宜很多,但质量难以保证。并且可能会因为贪便宜买了很多暂时用不到的东西,或者根本用不到的东西。

如此看来，团购还是很有魅力的。我们在采购以下商品时可以采取团购的方式：

一、买房团购很实惠

根据个人情况选择合适的住房团购方式。住房团购的方式有很多，有单位或银行组织的团购，也有亲朋好友或网友们自发组织的团购。

最重要的是要警惕住房团购的"托儿"。有些房产团购网是房产公司的"托儿"，或干脆是房产公司自办的。

二、团购买汽车，方便又实惠

在这里，我们还是要说一下，团购汽车需要注意的几个方面：

在团购中需要注意的四个问题

团购

缺乏行业规范
网购+惊然
售后无法保障
消费者维权难

选择真正适合自己的产品

比较价格

考察售中与售后服务

认真查看团购协议，服从团购组织者的安排

消费者在选择网络团购以博取价格优惠的同时，要全面考虑，对于交易要小心谨慎，这样才能更好维护自身利益。

首先，合理选择汽车团购的渠道。汽车团购应当说是团购中最火的一种，不但专业汽车团购公司如雨后春笋般涌现，各大银行也已开始积极以车价优惠、贷款优惠、保险优惠等举措来开拓汽车团购市场；同时，各大汽车经销商也注重向大型企、事业单位进行团购营销。对于老人来说，在决定团购汽车之前只有先了解一下这一方面的行情，才能够选择到适合自己的团购渠道。

其次，要掌握寻找汽车团购中介的窍门。为了方便购车，当然是在当地或距离较近的城市参加团购比较合适。

三、旅游项目也可以团购

如果想外出旅游，先联系身边的同事或亲朋好友，自行组团后再与旅行社谈价钱，可以获得一定幅度的优惠，境内游一般9人可以免一人的费用，境外游12人可以免1人费用，这样算就等于享受9折左右的优惠。同时，外出游最容易遇到"强制"购物、住宿用餐标准降低、无故耽误游客时间等问题，由于团购式的自行组团"人多势众"，这些问题都较容易解决，能更好地维护自身权益。

理财圣经   >>>>>>>>

团购是聪明消费者的游戏，通过团购不仅能节省开支，还能省去很多奔波的麻烦。无论买房买车，还是旅游购物，都可以采取团购的方式。

网购：花最少的钱，买最好的物品

随着网络的普及，更多的人倾向于选择具有价格优势的网购，这使得网络购物交易量不断被刷新，国内一些媒体甚至用"井喷""全

网购的利与弊

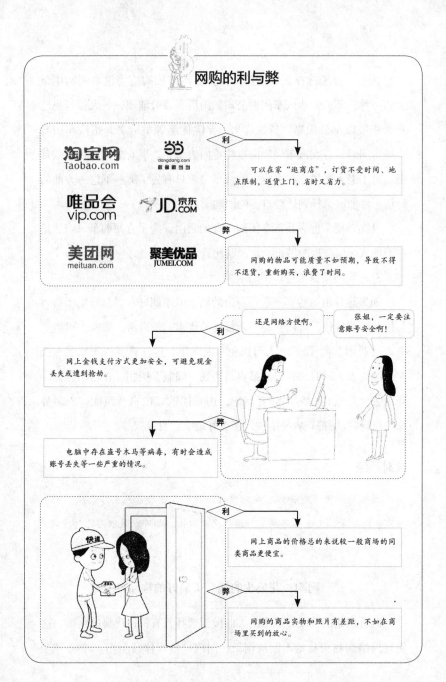

淘宝网
Taobao.com

当当
dangdang.com
敢爱敢当

唯品会
vip.com

JD京东
.COM

美团网
meituan.com

聚美优品
JUMEI.COM

利
可以在家"逛商店",订货不受时间、地点限制,送货上门,省时又省力。

弊
网购的物品可能质量不如预期,导致不得不退货,重新购买,浪费了时间。

还是网络方便啊。

张姐,一定要注意账号安全啊!

利
网上金钱支付方式更加安全,可避免现金丢失或遭到抢劫。

弊
电脑中存在盗号木马等病毒,有时会造成账号丢失等一些严重的情况。

快递

利
网上商品的价格总的来说较一般商场的同类商品更便宜。

弊
网购的商品实物和照片有差距,不如在商场里买到的放心。

民网购时代"等字眼形容目前网购的火爆程度。

　　网购为什么会受到大家的推崇？最主要的原因在于：网上的东西不仅种类比任何商店都齐全，而且还能拿到很低的折扣，能淘到很多物美价廉的东西。如果上街购物的话，不仅要搭上更多的时间，还需要花费交通费。这样算下来，除去购物费用，成本在几十元到一百元不等。但是这些成本网上购物就可以完全避免，而且只需点点鼠标，等着快递送上门就可以了。

　　在网上总能找到比市场上价格低的商品。在实体店要想找到便宜的东西，至少得"货比三家"，非常麻烦；而在网上，鼠标一点，各种品牌、档次的商品就都展现在眼前，轻轻松松就可以"货比三家"；物品报价基本接近实价，免去不少口舌之苦；购买的商品还可以送货上门，堪称懒人购物首选方式；没有任何时间限制，购物网站24小时对客户开放，只要登录，就可以随时挑选自己需要的商品，还能认识很多来自五湖四海的朋友，方便又快捷。

　　如果你要购买书籍（最好是对此书有一定了解）、光盘、软件，那么选择网上购物就很合适，可以在家轻松享受服务。在卓越、当当等图书网站上，几乎所有的书都打折出售，有的可以打到5折；而在实体书店里，图书是很少打折出售的。

　　还有一些著名品牌的商品也比较适合在网上购买，而像鞋子等需要消费者亲自体会穿着效果的商品则不太适合在网上购买。还有很多高档消费品，一般消费者比较慎重，也不太适合在网上购买，因为这类商品需要多方咨询、比较，而网上购物在这一点上就显得不足了。关于付款，可以教给你一个省钱的好方法。目前在网上购物一般是要收取一定的送货费用的，所以进行网上购物不妨和朋友或同事共同购买，一次送货，这样可以节省很多配送费，而且大家一起买也许还可以享受到网站提供的优惠。

关于二手商品的买卖，本来网络确实是以快捷、免费的特性成为二手商品资讯传递的最佳媒体，只可惜部分网民的道德水准较低，网上二手商品交易中以次充好、滥竽充数的情况时有发生。

如果要通过竞价的方式购买商品，还是先学一学下面几点小经验：

（1）注册时最好不要留家里的电话，怕你被烦死。

（2）在交易前先了解一下卖方的信用度，肯定没有坏处。

（3）如果看中一样东西实在爱不释手，可以直接和卖方用网站提供的即时聊天窗口联系，告诉他你的需求和你愿意出的价。

（4）如果卖方的介绍不够详细，也可以给他发消息，提出问题，卖方一般都会及时回复。

（5）有的网站有"出价代理系统"，只要在竞买时选择"要代理"，并填入自己的最高心理价位，网站就会自动为你出价，免得你因为无暇顾及而错失良机。

理财圣经   >>>>>>>>

网上的东西不仅种类比任何商店都齐全，而且还能拿到很低的折扣。网购能够淘到很多物美价廉的东西，能为我们省下一笔不小的开支。

第十一章

家庭理财，规划是重点

家庭理财的 10% 法则

进行理财相关安排时，很多家庭常表示不知如何准备各种理财目标所需的资金。"10% 法则"是指把每月收入的 10% 存下来进行投资，积少成多，将来就有足够的资金应付理财需求。

例如，你每个月有 6000 元收入，那么每月挪出 600 元存下来或投资，一年可存 7200 元；或者，你已经结婚，夫妻都有收入，每月合计有 12000 元收入，那么一年就可以有 14400 万元进行储蓄或投资。每个月都能拨 10% 投资，再通过每次进行的复利结算，经年累月下来，的确可以储备不少资金。如果随着工龄的增加薪资也跟着调高，累积资金的速度还会更快。

从每个月的工资中抽出 10% 作为投资储备金并非难事，只是常有人表示偶尔省下收入的 10% 存下来是有可能，但要每个月都如此持续数年可不容易。往往是到下次发薪时，手边的钱已所剩无几，有时甚至是入不敷出，要透支以往的储蓄。会觉得存钱不易的人，通常也不太清楚自己怎么花掉手边的钱，无法掌握金钱的流向；有钱存下来，一般都是用剩的钱，属于先花再存的用钱类型。

这类人若想存钱就必须改变用钱习惯，利用先存再花的原则强迫自己存钱。在每个月领到工资时，先将工资的 10% 抽出存入银行，然后将剩下的钱作为一个月的花销仔细分配。

要做到对你的钱分配合理，使用得当，可以利用记账帮忙达成。也就是说，买本记账簿册，按收入、支出、项目、金额和总计等项目，将平时的开销记下来，不仅可以知道各种用度的流向及金额大小，并且可以当作以后消费的参考。把记账养成习惯，每天都记账，不要记个十天半个月就歇手，这样起不到太大的作用。

另外可以把各类开销分门别类，就可以知道花费在食、衣、住、行、娱乐等各方面和其他不固定支出的钱有多少，并进一步区分出需要及想要，以便据此进行检讨与调整。

需要及想要是常用的消费分类方式之一，例如买件百元上下的衬衫上班穿是需要，买件数千元的外套是想要；一餐 10 元作为午餐是需要，午餐以牛排满足口腹是想要。透过记账区分出需要与想要后，买想要的东西要三思后行，尽可能压缩想要的开支，你会发现除了一开始从工资抽出的 10%，减去各种支出花销还有部分结余。

所以，每个月拨出收入的 10% 存下来只是个原则，能多则多，实在不行，少于 10% 也无妨；重要的是确实掌握收支，尽可能存钱。

假定有一个身无分文的 20 岁年轻人，从现在开始每年能够积蓄 1.4 万元，如此持续 40 年，并且他每年将存下的钱用作投资，并获得年均 20% 的投资收益率，那么到 60 岁，他能累计起 1.0281 亿元的财

家庭理财四个注意事项

不要贪婪

　　要理性看待投资收益，根据家庭和个人的风险承受能力选择适合的投资项目，财富能实现稳定的保值增值就行。

多亏了学到的理财方法，你看"长势"多好。

活学活用

　　理财还需理论结合实际，活学活用。总结出适合自己家庭的理财方法、投资策略及投资方式。

我要选择适合的理财方式。

稳健为王

　　首先做投资必须拿闲置资金；其次需根据家庭实际风险承受能力来选择适合的投资策略和理财方式；此外还要有平和的心态。

早教

教育好子女

　　一个习惯好、学习好、财商高的子女会让做父母的少操很多心、少花很多钱。所以，当前"教育好子女"也是为家庭赢得更多财富的一个重要方面。

富。这是一个令大多数人都难以想象的数字，亿万富翁就是如此简单地产生的。只要你能够持之以恒地坚持 10% 法则，也许你就是下一个百万富翁！

为了帮助自己坚持 10% 法则，可以利用定期定额投资法持之以恒地累积资金。定期定额是指每隔一段固定时间（如每个月）以固定金额（如 5000 元）投资某选定的投资工具（如某共同基金），根据复利原则，长期下来可以累积可观的财富。

理财圣经 >>>>>>>>

坚持家庭理财的法则，有助于规避理财弯路。

理财中的小定律大哲学

就像牛顿定律作为古典力学的基本定理一样，家庭理财也有一些基本定律需要遵循。这几条理财的数字定律非常简单，容易为我们这些非专业人士所理解，并为生活提供一些指导。

一、家庭收入慎安排——4321 定律

家庭收入的合理配置比例是，收入的 40% 用于供房及其他项目的投资，30% 用于家庭生活开支，20% 用于银行存款以备不时之需，10% 用于保险。

例如，你的家庭月收入为 2 万元，家庭总保险费不要超过 2000 元，供房或者其他证券投资总和不要超过 8000 元，生活开销控制在 6000 元左右，要保证有 4000 元的紧急备用金。

小贴士：本定律只是一个大致的收入分配模型，不同家庭的具体

分配会根据风险偏好、近期目标、生活质量设定等有所变动，但定律的作用就是提供最基本的依据。

二、投资期限心中明——72 定律

不拿回利息，利滚利存款，本金增值 1 倍所需要的时间等于 72 除以年收益率。

公式：本金增长 1 倍所需要的时间（年）=72÷年回报率（%）

例如，如果你目前在银行存款 10 万元，按照年利率 3.33%，每年利滚利，约 21 年半后你的存款会达到 20 万元；假如你的年收益率达到 5%，则实现资产翻倍的时间会缩短为 14 年半。

小贴士：为了缩短你的财富增长速度，就需要合理组合投资，使组合投资的年回报率在可承受的风险范围内达到最大化。

三、炒股风险看年龄——80 定律

股票占总资产的合理比重为，用 80 减去你的年龄再乘以 100%。

公式：股票占总资产的合理比重 =（80– 你的年龄）×100%

例如，30 岁时股票投资额占总资产的合理比例为 50%，50 岁时则占 30% 为宜。

小贴士：随着年龄的增长，人们的抗风险能力平均降低，本定律给出一个大致的经验比例。需要说明，这个比例与 4321 定律所指出的 40% 的比例需要比较，主要考虑基数是家庭收入还是总资产。

四、房贷数额早预期——31 定律

每月的房贷还款数额以不超过家庭月总收入的 1/3 为宜。

公式：每月房贷还款额 = 每月家庭总收入 ÷3

例如，你的家庭月收入为 2 万元，月供数额的警戒线就是 6666 元。

小贴士：本定律可使你避免沦为"房奴"。需要注意，4321 定律要求，供房费用与其他投资的控制比例为40%，其中1/3（即33%）若用于供房，以此推算，则收入的7%可用于其他投资。

五、保额保费要打算——双10定律

家庭保险设定的恰当额度应为家庭年收入的10倍，保费支出的恰当比重应为家庭年收入的10%。

公式：家庭保险额＝家庭年收入 ×10%

例如，你的家庭年收入为20万元，家庭保险费年总支出不要超过2万元，该保险产品的保额应该达到200万元。

小贴士：本定律对投保有双重意义，一是保费支出不要超限，二是衡量我们选择的保险产品是否合理，简单的标准就是判断其保障数额是否达到保费支出的100倍以上。

理财圣经 >>>>>>>>

理财很高深，却也很通俗。要走好自己的家庭致富之路，除了要学习前人的经验，也需要自己的实践。这些理财定律都是生活经验的总结，并非一成不变的万能真理，还是需要根据自己的家庭情况灵活运用。

多米诺骨牌效应对投资理财的启示

多米诺骨牌是一种用木头、骨头或塑料制成的长方形骨牌，源自我国古代的牌九。玩时将骨牌按一定间距排列成行，轻轻碰倒第一枚骨牌，其余的骨牌就会产生连锁反应，依次倒下。"多米诺骨牌效应"常指一系列的连锁反应，即"牵一发而动全身"。

引水方知开源不易，开山之作最费力。万事开头难，不管你是

打算周末旅游，还是写一篇博客文章，或者是白手起家开创自己的事业，走出第一步，都是非常关键非常重要的，往往也是最难的。只要克服了这个阶段，后面的发展，自然会水到渠成，顺利展开。开始越是艰难，往后越是顺利。就算第一次失败了，只要能从中学习进步，下一步的成功也为期不远。

商业界人士一直很看重所谓的"第一桶金"也是同样的道理。无论你第一次经商的结果如何，赚到的利润多少，关键在于通过第一桶金的挖掘，你迈出了艰难的第一步，并从中吸取经验教训，为下一次尝试找到正确的方向。一旦打开光想不做的僵局，就像打开了一道通往外面世界的大门，也许你即将发现另一片广阔天地。

家庭理财，不外乎开源节流。最常见的累积手法是存钱——存工资，每个月存工资。年轻的时候养成储蓄习惯，不但是给自己的承诺，也是培养财商、积累财富的基本手段。工薪最适宜的存款方式是零存整取，每个月存一点进去，定时定量，很有规律，积少成多的过程也令人得到成就感。有一天，你查询存款时会忽然发现，原来都存这么多了。

经过一段时间的原始积累，获得一定数额的固定财产之后，就可以开始考虑通过其他的投资手段来实现财富的增值了。除了收益率偏低的银行储蓄，目前常见的渠道还有国库券、货币基金、股票、房地产等多种理财方式。这时需要拿出一点钻研的精神，找准适合自己家庭的投资方向，勤学肯问，让自己成为"业余的专家"，这是一个双赢的局面：财富和知识一起增长。

当然，在你投资理财时，除了存折上的数字，还要考虑抵御风险的能力。不要一味追求高收益，把所有的钱放在一个篮子里。在医疗制度不完善，社会保障水平不够的情况下，居安思危的忧患意识，也是很重要的。投资生钱固然可以，但也要记得留出部分钱投入医疗保险、失业保险等稳定性的理财产品。因为天有不测风云，料不准你哪天会突然生病或失业，到那时所承担的财产损失会更大。

生活中的投资和理财，就好像一串多米诺骨牌，首先要小心排好每一张牌的位置，不要让坏习惯毁掉之前的辛勤努力；从第一张牌开始做好理财规划，持之以恒，最后只要选择好正确的时机轻轻一推，就可以等着看你期望的美丽图案。

理财圣经 >>>>>>>>

投资理财犹如玩多米诺骨牌，要小心排好每一张牌。

家庭理财困难的事情——细数

在理财市场蓬勃发展的今天，仍有些人对理财望而却步。究其原因，一方面在于欠缺理财理念，另一方面则是未对理财目标加以定位，显得甚为盲目。其实，理财并非有钱人的专利，每个人只要明确理财目标，想好了再行动，就有希望将之实现。但是很多人却发现理财并不是一件简单的事情，里面也是存在重重困难。

一、难以下定决心

做出理财这个决定是迈出开始理财的第一步。有人说，我家的总收入就没多少，不需要理财，这是绝对错误的，这正是一些人终生贫穷的根本原因。因为理财不仅是使家庭有形资产增值，而且会使家庭内部的无形资产增值。也有许多人认为，"理财"等于"节约"，进而联想到理财会降低花钱的乐趣与原有的生活品质，没办法吃美食、穿名牌，甚至被"不幸"地归类为小气的守财奴一族。对于喜爱享受消费快感的年轻人来说，难免会不屑于理财，或觉得理财离他们太遥远。

其实，理财并不是一件困难的事情，而且成功的理财还能为你的家庭创造更多的财富，困难的是自己无法下定决心理财。如果你永远不学习理财，终将面临坐吃山空的窘境。许多功成名就的社会精英，其成功的重要因素之一，就是有正确的理财观。而越成功的人就越重视理财，因为他们早已体会到了理财的乐趣和好处。

万事开头难，在理财中最难的莫过于下定理财决心。如果你做出了决定，其余的事情相对来说就都是小事情了。实际上，任何事情中做决定都是最困难的。这个世界上，谁最关注你的财富？谁最关注你的家庭？是你自己！实际上任何理财活动都是需要你自己去决策的。就算是你找到了一个真正的理财专家帮你，他也只会提出建议，最终的决策还得靠你自己，何况理财专家最关注的也只是他自己的财富！所以要想达到理财目标，必须自己参与理财活动，提升你的理财能力。

二、难以持之以恒

家庭理财，贵在持之以恒，循序渐进。面对财富，我们不能只停留于想象，更重要的是要运用一些合理的可操作手段来处理它，坚持做下去，使之像滚雪球一样越滚越大。

开学第一天，古希腊大哲学家苏格拉底对学生们说："今天咱们只学一件最简单也是最容易做的事儿。每人把胳膊尽量往前甩，然后再尽量往后甩。"说着，苏格拉底示范做了一遍。"从今天开始，每天做300下。大家能做到吗？"学生们都笑了。这么简单的事，有什么做不到的？过了一个月，苏格拉底问学生们："每天甩手300下，哪些同学坚持了？"有90%的同学骄傲地举起了手。

又过了一个月，苏格拉底又问，这回坚持下来的学生只剩下80%。

一年过后，苏格拉底再一次问大家："请告诉我，最简单的甩手运动，还有哪几位同学坚持了？"这时，整个教室里，只有一人举起了手。这个学生就是后来成为古希腊另一位大哲学家的柏拉图。

世间最容易的事是坚持，最难的事也是坚持。说它容易，是因为只要愿意做，人人都能做到；说它难，是因为真正能做到的，终究只是少数人。家庭理财不是一朝一夕就能够完成的事情，成功的家庭理财就是在于坚持。这是一个并不神秘的秘诀，但是做到却是真的不容易。

真正阻碍我们投资理财持之以恒的往往是惰性。它是以不易改变的落后习性和不想改变老做法、老方式的倾向为指导，表现为做事拖拖拉拉，爱找借口，虚度时光而碌碌无为。在财富的规划上也是一样。很多人不是没有对财富目标的畅想和追求，只是想法和目标往往在拖拉与借口中变成了泡影。财富就像草原上疯跑的羊群，我们只有早一天拿起鞭子把它们圈进自己的羊圈，才有可能早一天收获财富。如果当第一只羊从你面前跑过去的时候，你因为正在睡觉而没能及时把它圈住，当第二、第三只羊从你面前跑过时，你又因为正在吃饭没能圈住它，一而再再而三，最后只好望"羊"兴叹了。

规避理财惰性的最好办法就是给自己上一个闹钟，时刻提醒着，让我们避免各种借口下出现的疏漏。基金定投就好比一只家庭理财的"闹钟"，通过定期定投的"强制性"来克服人们与生俱来的惰性，从而聚沙成塔，获取长期投资收益。同时，基金定投还具有摊薄成本、分散风险以及复利增值的优点，比较适合有固定收入的上班族、于未来某一时间点有特殊资金需求者以及不喜欢承担过大风险的投资者。

就像春天的播种是为了秋天的收获一样，今天的理财也是为了明天的收获。等待秋收的农民从不吝啬耕耘的汗水，同样等待收获的我们又有什么理由吝啬于打理财富呢？

从今天做起，下定理财决心之后，做好理财规划，然后每天每月地坚持把理财计划落实到位，明天你也可以成为富人。

理财圣经 >>>>>>>>

方法总比困难多，只要你有足够的决心，并能够持之以恒，所有的困难都将只是你成功理财之路上的垫脚石。

家庭理财，五账单不可少

安全与保障是人生最大的需求。人生中的不同阶段会面临不同的财务需要和风险，由此产生的财务需求均可通过保险来安排。保险的功能在于提供生命的保障、转移风险、规划财务需要，这已成为一种重要的家庭理财方式。提起商业保险，许多人爱恨交加。爱是因为它是生活的必需，恨是因为条款太过复杂，听上去总是一头雾水，难以选择。

克服理财惰性的步骤

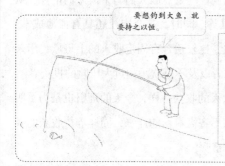

要想钓到大鱼，就要持之以恒。

与自己的惰性竞争并不是件简单事，比如很多人都知道理财的重要性，可是坚持不了多久，就被自己的"惰性"打败了。

我一定可以做好我的投资理财。

财经讲堂

每天强制自己学点理财知识，通过学习，增强自己的理财能力与信心。

发了工资，先存上基金的钱。

做出理财计划，就要严格执行，并在日常生活中不断强化自己的理财好习惯。

挑选保险产品首先要考虑的是自己和家人处在人生的哪个阶段，有哪些需求是必须保证的，再根据不同阶段的不同需求，结合家庭经济状况，选择适合的产品。

保险首要的功能就是保万一。它具有将人们老、病、死、伤带来的经济风险转移给保险公司的功能，使人们保持生命的尊严，家庭保持正常的生活水准。另外，它又是一种规划家庭财务、稳健理财的有效工具，让人们在"计划经济"下平安一生。同时，它还具有储蓄、避税、投资等功能。人们可以根据不同险种的不同功能，选择适合自己的产品。

从踏上红地毯那一刻，家庭生活即拉开帷幕。购房、购车、养育孩子、治病、养老，在整个历程中，至少要选好 5 张保单。

一、大病保单——堵住家庭财政的"黑洞"

理财专家常说，疾病是家庭财政的黑洞，足以令数年辛苦积攒下的财富瞬间灰飞烟灭。

现行的医疗保障体系（简称医保）也不容乐观。一方面，现有的医保制度是以广覆盖、低保障为基本原则的，而且随着参保人员的不断增加，保险受益会"越摊越薄"；另一方面，医药费用却是以一个不小的比例每年都在增长。这之间的差距无疑会给家庭带来更沉重的经济负担，何况医保也不是百分百报销，还有不少自费项目、营养和护理等花费，因此看病的花费真是"无底洞"。

再有，医保实行的是个人先垫付、医保机构后报销的制度，如果生一场大病，需要几万甚至几十万元医治，那么自己就必须先垫付这几万或者几十万元钱。你准备好了吗？

购买商业重大疾病保险，就是转移这种没钱看病的风险、及时获得经济保障的有效措施。每年将一部分钱存入大病保险，专款专用，一旦出险，就可以获得保险公司的赔付，甚至会收到以小钱换大钱、使个人资产瞬时增值的效果，以解燃眉之急。

重大疾病保险只赔付保单所约定的大病，如果得了其他的病，需要住院手术，想获得赔付，就要选择一些适合自己的附加险种，如防癌险、女性大病险、住院医疗险、住院收入保障保险等，还可以大人上大人险，小孩上小孩险，经济实惠。

二、人寿保单——爱的承诺，家的保障

在日本有一种习俗，订婚的时候，男方要买一张寿险保单，以女方为受益人，这是一种爱与责任的体现。西方许多国家也都有类似的习惯，结婚后，夫妇双方各买一张以对方为受益人的保单，在自己出现意外之时，爱人仍然可以在原有的经济保障下维持正常生活。

花明天的钱、花银行的钱已经不是生活时尚，而是生活事实了。虽然背着贷款的日子过得有滋有味，可是，万一家庭经济支柱出了问题，谁来还那几十万元甚至更多的银行贷款？这个风险也可以用人寿保单转移。开始贷款时，应该计算出家庭负债总额，再为家庭经济支柱买一份同等金额的人寿保险。比如贷款总额是 80 万元，就可为家庭经济支柱买一份保额为 80 万元的人寿保险，一旦生活中出现保单条款中约定的变故，就可以用保险公司的赔付金去偿还房贷与车贷。这张保单就是为个人及家庭提供财富保障的。

当我们选择这类险种时，一些小的细节也不能忽略。比如买房险不一定去指定的保险公司，可以像购买其他商品一样货比三家。当然首先应选择有实力的品牌公司和符合自己利益的条款，价格也很重要！

三、养老保单——提前规划退休生活

30年后谁来养你？这是我们现在不得不考虑的问题。我们努力工作、攒钱，习惯性地把余钱存入银行，但面对通货膨胀的压力，我们的存款实际在"缩水"。而且，在刚刚开放"二胎"的政策下，我们中的绝大多数仍只有一个"宝"，可你想没想过未来出现两个孩子负担4位老人生活的局面，对孩子无疑是一种巨大的压力？规划自己的养老问题，是对自己和儿女负责的表现。

我们的社会保障中也有一份基本养老保险。个人缴费年限累计满15年，可以在退休后按月领取基本养老金，其金额取决于你和单位共同缴费的数额、缴费年数和退休时当地职工社会平均工资标准。但这只够维持一般的生活。

如果想在退休后直至身故仍能维持高质量的生活，那么就从参加工作开始，考虑买一份养老保险吧。养老保险兼具保障与储蓄功能，并且大多是分红型的，可以抵御通货膨胀，所得的养老金还免交个人所得税，这个险种买得越早越便宜，收益越大。

有些人会认为养老的事老的时候考虑也不迟，事实上那已经晚了。在能赚钱的年龄考虑养老问题，未雨绸缪，才是最有效的。

四、教育及意外保单——孩子健康成长的财政支持

准备教育基金有两种方式：一种是教育费用预留基金。另一种方式是买一份万能寿险，存取灵活，而且另有红利返还，可以做大额的教育储备金。

儿童意外险是孩子的另一张必备保单。儿童比成人更容易受到意外伤害，而儿童意外险可以为出险的孩子提供医疗帮助。

有些家长为表示对孩子的关爱，会为孩子购买金额非常大的保

单，甚至超出为父母购买的保单金额，从理财角度来说，这是不理性的，也是没必要的。保单的规划原则一定是为家庭支柱购买足额保险，这样才能保证家庭的财务支出在遇到风险时也能稳健前行。

五、遗产避税——不得不说的"身后"事

50 岁以后，另外要考虑的是遗产问题。遗产税是否开征虽然争论多年，但它是社会财富积累到一定阶段的必然，只是一个时间问题。另外，遗产税税率很高，国内讨论中的税率约 40%，这对很多人来说都是难以接受的事情。因此，保险避税已经成为很多中产人士的理财选择。

遗产避税可以选择两种保单，一种是养老金，另一种是万能寿险。因为无论被保险人在或不在，养老保险都可以持续领 20 年。只要将受益人的名字写成子女，就可以在故去后规避遗产税。

万能寿险也是同样的原理，将受益人写孩子的名字。存第一次钱后，随时存，随时取。身故后所有的保险金也都将属于受益人。

理财圣经
>>>>>>>>

安全与保障是人生最大的需求，根据不同阶段的不同需求，结合家庭经济状况，选择适合的保险产品。

第十二章

夫妻努力，共奔"钱"程

告别"小资"，"整妆"待嫁

把婚姻比作一生当中最重要的一项投资一点都不为过，因为一旦婚姻失败，它所带来的损失一点也不亚于投资股票或者投资房产的损失，用经济学的眼光来看婚姻或者说发掘婚姻关系中的经济学会很伤情感，但当人们越来越感到经济原来像情感一样是维系家庭的重要支柱的时候，婚姻过程就像一个公司的发展过程一样需要用心经营。

于是，金钱、时间、精力、自由都是投资，机会成本无限增长，而家庭纠纷就变成了无穷债务。在每一对两情相悦的爱人背后，都有看不见的市场竞争与优势互补；每一份稳定的婚姻背后，都涉及双方资本的产权重组和兼并收购。有朝一日，作为爱情的利润呈现负值，资不抵债，家庭就离破产不远了——离婚。

要做好自己一生的理财规划，就应该经营好自己的婚姻。股市上有句话：选股票如同选妻子。事实上，挑选好另一半的重要性远远大于选一只股票。选不好股票顶多是套牢一阵子；而选不好另一半，则有可能要套牢一辈子，一旦匆忙割肉的话，很有可能斩手断臂，元气大伤。因此，做好婚姻这项"投资"不仅需要眼光，也需要一些技巧。

（为了使婚姻生活有一个好的开始，我们在单身时就应该有些积蓄。）这里的单身时间指的是脱离家庭供给，有独立的经济收入的时期，一般指毕业后工作的 1 ~ 5 年。这段时间一般收入相对较低，而且朋友、同学多有联系，经常聚会，还有谈恋爱的情况，花销较大。所以，这段时期的理财不以投资获利为重点，而以积累（资金或经验）为主。每月要先存款，再消费，千万不要等到消费完之后再存款。只有这样才能保证你的存款计划如期进行。

这段时期的理财步骤为：节财计划、资产增值计划（这里是广义的资产增值，有多种投资方式，视你的个人情况而定）、应急基金、购置住房。战略方针是"积累为主，获利为辅"。根据这个方针我们具体的建议是分三步：存、省、投。

（1）存。即要求你从每个月的收入中提取一部分存入银行账户，这是你"聚沙成塔，集腋成裘"的第一步，一般建议提取10% ~ 20%的收入。当然这个比例也不是完全固定不变的，这要视实际收入和生活消费成本而定。

但是存款要注意顺序，一定是先存再消费，千万不要在每个月底等消费完了以后剩余的钱再拿来存，这样很容易让你的存款大计泡汤，因为如果每月先存了钱，之后的钱用于消费，你就会自觉地节省不必要的开销，而且并不会因为这部分存款而感觉到手头拮据，而如果先消费再存款，则很容易就把原本计划存的钱也消费掉了。所以，建议大家一定要养成先存款后消费的好习惯。

（2）省。顾名思义就是要节省、节约，在每月固定存款和基本生活消费之外尽量减少不必要的开销，把节余下来的钱用于存款或者投资（或保险）。可能许多没有理财观念的人会觉得这一条难以执行，并把"省"跟"抠""小气"等贬义词画等号，实际上这种认识也是有偏差的。

（3）投。在除去每月固定存款和固定消费之后的那部分资金可以用于投资，如再存款、买保险、买股票（或其他金融产品）、教育进修等。所以，这里我们说的投资不仅仅是普通的资金投入，而是三种投入方式的总称：一般性投资、教育投入、保险投入。

因为短期内不存在结婚或者其他大的资金花费，所以可以多提高投资理财的能力，积累这方面的经验。可将每月可用资本（除去固定存款和基本生活消费）的60%投资于风险大、长期报酬较高的股票、股票型基金或外汇、期货等金融品种；30%选择定期储蓄、债券或债券型基金等较安全的投资工具；10%以活期储蓄的形式保证其流动性，以备不时之需。

上面是对于一般情况下所提出的建议，当然你也可以根据个人实际经济状况以及个人性格等方面的因素，把这部分资金用于教育投入和保险投入，或者进行相应的组合。通过自己的努力使自己成为一名"钻石王老五"或是"单身贵族"，为自己积攒结婚的资本，给自己即将到来的婚姻打下良好的基础。

不光感情是婚姻的基础，一定的积蓄和科学的理财计划也是婚姻稳定的保障。

分工合作，唯"财"是举

在一个家庭之中，大大小小的事情常常搅得你头晕脑涨，感觉不知从何处着手，然后不由得感叹："真是事儿太多了！"这时不妨思考一下，你们是不是在家庭任务规划上出了问题，你的伴侣是否可以帮你一下呢？

王余的家庭组建已整整10个年头了。10年来，他和妻子在当家理财上实行的是既有分工又有合作的理财方式，没想到这小日子还过得美满幸福，家庭经济积累也逐年增加。

他俩属于工薪族家庭，王余在县城国家机关工作，妻子在一家企业单位上班。初结婚那阵，他们就订了"君子协定"：王余领的工资由他存着，只在购买大件、买房子及孩子读书时使用；而妻子由于企业效益不大好，工资较低，所以她挣的工资作为家里的零用钱，由妻子掌握日常开销。当然小宗开支可由妻子一人说了算，而大宗花销则由"家务会"来讨论决定。

10年来的实践证明，女人在花钱上比男人更细心，会计划，一般买东西总要货比三家，反复砍价，最后才掏钱购买。而每当妻子在主动购买东西时也会征求王余的意见。10年来，王余家用"分工合作"这个特殊的理财方式操持家业，效果十分不错，家庭事务安排得井井有条。

由于男女所擅长的重点不同，中国的很多家庭仍然像王余家这样实行"男主外，女主内"的分工合作的理财方式。夫妻分工合作理财存在不少好处：

一是打破了"男人负责赚钱养家，女人负责貌美如花"的陈旧理财观念，由夫妻双方共同挣钱，共同理财，使夫妻双方都有了经营家庭经济的责任心。

二是增加了夫妻双方的经济压力。分工理财是两本账，谁也不想让自己的账面出现亏损，平时该节俭的就节俭。

三是夫妻双方都有经济主动权，体现了家庭成员之间的男女平等。用不着相互瞒着对方攒什么"私房钱"或设立什么"小金库"，在一定程度上又促进了夫妻间的相互理解和信任。

在部分家庭中，一些女主人为了控制家庭的财权，会要求丈夫把所有的钱都交给自己来管。这样做表面看起来可能没什么问题，但其实存在家庭矛盾的潜在风险。聪明的女主人不妨交出部分投资权给丈夫，比如女主人在规划好家庭资产的配置比例后，可以将一部分有承受一定投资风险的品种选择权交给丈夫。一来男性天生喜爱冒险和刺激，这种"投资权"可以一定程度满足丈夫的天性偏好；二来丈夫也会感觉到自己对家庭资产有一定掌控，不会在心理层面产生逆反和潜在矛盾。通过夫妻分工协作，把家里的钱财管好，处理好。

夫妻同心，齐力断金。在家庭中，夫妻可以根据各自在理财管理所擅长之处进行分工协作。

家庭理财模式——不是每个家庭都适合 AA 制

李先生和许女士结婚一年多，两人都是白领阶层，收入不菲，观念超前，婚前两人进行了财产公证，婚后又迫不及待地实行了 AA 制。两人各理各的积蓄和收入，并且有各自的责任分工：李先生负责供楼，每月偿还按揭本息；许女士负责供车，每月偿还汽车贷款。在日常生活中，双方每月各自拿出 300 元作为家庭开销，无论攒钱还是花钱两人均称得上是严格的 AA 制。前段时间，李先生出差时遭遇车祸，右腿小腿骨折，需要动手术，而他自己的积蓄被股市套牢，收入又支付了住房贷款，所以，一时没有太多的钱。这时，许女士拿出自己婚前积攒的 3 万多元"合法私房钱"支付了手术费。但随后两人达成口头协议，这 3 万多元算是借款，日后由李先生分期偿还给许女士。

在家庭生活中，金钱毕竟不是最重要的东西，丈夫出了车祸，这时再分你的钱、我的钱，并且还要许诺日后偿还，这样会影响夫妻感情。不是什么情况都适合 AA 制。

一、AA 制适合观念超前的家庭

实行 AA 制的先决条件是夫妻双方对这种新的理财方式都认可，如果有一方不同意，则不能盲目实行 AA 制。俗话说"强扭的瓜不

AA 制家庭需要注意的四项问题

应坚持公开透明的原则

虽然是AA制，但夫妻双方都要有财务知情权。如果夫妻之间多了戒备和猜疑，那就违背了通过AA制减少摩擦、提高生活质量的初衷。

建立必要的家庭共同基金

无论怎样实行AA制，一个小家庭也应当有自己的"生活基金""子女教育基金"等。这样更利于家庭理财的长远规划。

AA制不是斤斤计较

实行AA制不能为了些小事而计较，不能成为100%的绝对AA制，"一家人不能说两家话"，千万不能因AA制而疏远了夫妻之间的感情。

双方都有义务维护家庭利益

无论理财和消费分得多么清楚，在对家庭的贡献上都要尽力，不能因为AA制而忽视了对整个家庭的维护。

217

甜"，如果一方强行实行 AA 制，最终会因想法不一致而影响家庭整体的理财效果。

二、AA 制适合高收入家庭

实行 AA 制的主要不单单是为了各花各的钱，还是为了各攒各的钱。对于一些收入较低的家庭来说，两人的工资仅能应付日常生活开支，这时则没有必要实行 AA 制，采用传统的集中消费和集中理财会更有助于节省开支。

AA 制适合夫妻收入相当的家庭。夫妻双方的收入往往有差异，如果丈夫月薪 10000 元，而太太仅收入 1000 元，这时实行 AA 制，难免会使低收入的一方感到压力。从传统伦理上讲，夫妻收入差距较大的家庭不宜实行 AA 制。

三、AA 制并不局限于各理各的财

对于那些不愿集中理财，也不便实行 AA 制的家庭，可以采用创新思路，实行曲线 AA 制。

首先，可以实行一人管"钱"，一人管"账"的会计出纳制。这种理财方式由善于精打细算的一方管理现金，而思路灵活、接受新鲜事物快的一方则负责制定家庭的理财方案。这就和单位的会计、出纳一样，不是个人管个人的钱，而是以各自的分工来管小家庭的钱。

其次，可以实行"竞聘上岗"制。夫妻双方由于理财观念和掌握的理财知识不同，实际的理财水平也会有所差异，因此，擅长理财的一方应作为家庭的"内当家"。和竞争上岗一样，谁理财理得好，谁的收益高，就让谁管钱。如果"上岗者"在理财中出现了重大失误，这时也可以随时让另一方上岗，这种"轮流坐庄、优胜劣汰"的理财方式实际也是一种 AA 制，相对普通 AA 制来说，这种方式比较公平，避免了夫妻之间的矛盾，还能确保家庭财产的保值、增值。

如果 AA 制并不适合你，或许你也可以考虑选择其他模式。

模式一：一人独揽大权制。

如果夫妻间的信任度非常高，而且其中一方对理财投资有比较独到的见解，另一方并不熟悉理财，那么也可以采取"一人独揽大权"的理财方式，将薪水全部交由一个人全权支配，比如许多家庭由妻子管理家庭账户。但是，这种方法需要夫妻间有足够的信任，独揽财政大权的一方确实要非常善于理财，有独立的理财投资的能力，否则一旦出现决策错误，很可能遭受对方的责怪，从而产生家庭矛盾。

模式二：分配任务，各自负责制。

如果对家庭财政状况进行一番梳理，就会发现可以进行分类管理，包括日常生活开销、退休养老金、投资基金等，可以根据夫妻双方的收入状况，各自"认领"一部分理财任务。比如说，丈夫负责家里日常开销，妻子的工资则全部存入养老金账户。两人将各自的理财任务合理分配后，夫妻协力，专款专用，可以将矛盾降到最低。

理财圣经 >>>>>>>>

适合的就是最好的，夫妻之间要选择适合自己家庭的理财模式。

一颗红心为财富，育儿理财两不误

舒慧大学学的是英语专业，原本有一份不错的工作，孩子出生后，因为老人无法带，请保姆又不放心，听说全托又会让孩子孤立无助很可怜，偶然间听说哪家孩子得了自闭症，更是令她坚定了当全职妈妈的决心，于是她决定辞职。

比起在公司上班，带孩子要更加辛苦，可是看见自己的孩子一天天长大，舒慧却是很欣慰。现在照顾女儿两年了，小家伙按时吃饭，丈夫一回家就有温馨的环境，一家子其乐融融。

当然，这种选择也有一定的风险。为了跟上时代的脚步，舒慧一边在家带孩子，一边也不忘充电、学习。舒慧的英语说得依然很流利。邻居听说后，也把小孩儿送到她家让她教一会儿英语，当然，邻居也会付她一些学费。

这样，舒慧既照顾了自己的孩子也没忘巩固英语，而且还为家庭增加了收入，这是一举三得。

可能并不是每一位妈妈都像舒慧这般幸运，但是只要你合理安排、理财、育儿是可以做到两不误的。随着爱情结晶的呱呱坠地，你的生活又进入了一个崭新的阶段。养儿育女是人生的一个重要任务，当今社会，把一个小孩抚养成人，可真是一件不容易的事情。除了费心费力外，各种开支，比如参加补习班、兴趣班等各种教育经费高得惊人。子女教育支出大约占人一生总得的20%以上，但究竟花多少钱，很难预料。准备子女教育金要尽早预算、从宽规划。由于通货膨胀和费用增加，孩子年龄较小的时候费用较低，随着孩子年龄的增长，所需要的费用会越来越多。因此，要想使孩子受到良好的教育，必须从孩子出生前就做好规划。

在考虑到儿女的教育投资后，父母可以合理安排资金，进行其他方面的理财安排。在这一阶段里，家庭成员不再增加，家庭成员的年龄都在增长，家庭的最大开支是保健医疗费、学前教育费、智力开发费。同时，随着子女的自理能力增强，父母精力充沛，又积累了一定的工作经验和投资经验，投资能力大大增强。

这一阶段，你应进行积极的投资，将资金合理分配于基金、保险和国债等各个投资渠道。保险应考虑定期寿险、重大疾病险及终身寿险。随着收入的增加，每年应保持将年收入以10％的比例投入保险才算合适。

在投资方面可考虑进行风险投资等。购买保险应偏重于教育基金、父母自身保障等。这一阶段子女的教育费用和生活费用猛增，财务上的负担通常比较重，那些理财已取得一定成功、积累了一定财富的家庭，完全有能力应付，故可继续发展投资事业，创造更多财富。而那些投资不顺利、仍未富裕起来的家庭，则应把子女教育费用和生活费用作为投资的重点。在保险需求上，人到中年，身体的机能明显下降，对养老、健康、重大疾病的要求较大。

不少父母有了孩子后会考虑买车。购车要根据经济承受能力，不可冲动，应估算自己每月结余多少钱，是否有能力养车。车并非越贵越好。购新车困难时，可考虑二手车。一般情况下，只要新车一"落地"，价值上就会打七折。成长期的家庭每月可能还要还房贷。如今宏观经济正处于高增长的年代，有钱并不一定要急着还贷，完全可以利用房屋的杠杆效应，获得比房贷利率更高的回报。

如果你不想整日拼命工作仅仅是为了生活需要进行储蓄，那么你应该先用你的收入去投资，再以投资的收入去改善生活，收获幸福人生。

理财圣经

>>>>>>>>

在现代社会，理财育儿两不误，未来生活才会更幸福。

不要羞于和孩子谈钱

在今天的市场经济社会里，虽然人们的思想观念已经发生了巨大变化，"钱"在人们生活中还是一个令人尴尬的话题。我们重视钱，却又忌讳谈钱，认为谈钱太过俗气。"羞于谈钱"仍然是人们的普遍心理，针对少年儿童的金钱和理财知识的教育，更是一片空白。很多家长在孩子面前闭口不谈钱，担心跟孩子谈钱或者让孩子过早地接触钱，会使孩子"钻进钱眼里"，或者给孩子造成负面的心理影响。这使得很多孩子从小不能对金钱形成正确的认识，"不会花钱"，更谈不上理财，规划自己的事业和人生。

其实，父母跟孩子谈钱不应是一件尴尬的事。理财的观念在现今的时代是很普遍的，几乎每个人都在做理财规划，并且已经成为一种习惯。习惯若是能够从小就开始培养，将来长大后，在成人的社会里碰到任何与金钱有关的事物，都可以从容应对，因此时下的理财教育，已开始向下扎根，不少书籍也教导父母如何和子女谈钱。

刘阿姨刚上小学的儿子很想参加一个小记者班，她就为儿子交了学费。某天，小记者班要到户外举行采访拍摄活动，儿子兴致勃勃向妈妈要活动费，可这位妈妈很郑重地告诉她的儿子："要去参加活动，费用自理！"

小朋友傻眼了："我的压岁钱早就用光了呀！"于是妈妈就开始诱导他："你已经长大了，可以帮妈妈干家务活了，要不这样，从今天起，你负责饭后的洗碗。每次的报酬为5元钱，怎么样？"儿子很爽快地答应了，因为他太想去采访拍摄了。

接下来他就上岗了。考核制度挺严厉，打碎了碗也要罚款的。开始这种机械而繁重的活让他感到很不适应，可是他为了攒钱，还是坚持了下来。尽管期间他曾抱怨过工资太低，妈妈就向他分析说："这是一件很简单的事情，不需要什么技能就可以做的，所以报酬低。如果你做的事需要动一些脑筋，不是所有人都能随便做到的话，那么报酬就会高起来的，这就需要你不断学习才能做到呢。"小朋友似懂非懂地点点头，终于攒够钱参加活动去了。

这位妈妈教育孩子的方式是不是能给你一点启发呢？看来，可以利用孩子的兴趣，好好培养一下孩子的"赚钱"意识。只有学会了自己赚钱，才能真正做到"会花钱"。一个人如果不善于预算消费，就会人不敷出，就无法自立，也就根本谈不上成功。

事实上，孩子一般在三四岁时，就已萌发了花钱的意识。此时，父母就要开始教育孩子理财方面的知识。教育孩子学会存钱，钱只有在存到一定数目时才可以花，以使孩子形成良好的处理钱财的观念。同时，还要培养孩子从小就形成靠自己的劳动来赚钱的意识。随着孩子一点点长大，他就会自然养成珍惜金钱的习惯。如果你还没教孩子如何理财，那么现在就赶快行动吧。

第一，学会让孩子掌控钱。在日常生活中，很多家长担心孩子乱花钱，所以剥夺了他们掌控钱财的机会，这样一来孩子反而容易养成要花钱就伸手、有钱就花光的习惯。其实在平日里，父母不妨多给子女一些接触钱的机会，如以月为单位，给孩子一定额度的零花钱，让他们自己来掌控这笔钱的花销，家长可以为他们出谋划策；对稍大一点的孩子，可以给他们设计一个账本，由他们自己来登记支出和结余。让孩子掌控属于自己的钱，使他们从小培养量入为出的理财意识。好习惯一旦养成，则会终身受益。

第二，鼓励孩子通过家务来获得报酬。虽然孩子做家务是对家庭的责任和义务，但也不妨尝试一下通过"按劳付费"做家务的方式鼓励他们凭自己的劳动赚钱。通过做家务来获得零用钱的方式，让孩子在从劳动获取收入的过程中，亲身体验到工作的艰辛和财富的来之不易，珍惜手里的每一分钱。

第三，示范明智消费。家长带着孩子购物，要货比三家。在寻找物美价廉商品的过程中，同种商品的差价可以使孩子更直接地感触到消费过程中的浪费与节俭，引导孩子形成良好的消费意识，从而使他们自己支配零花钱时会更加理智。

第四，带着孩子理财投资。除了教会孩子合理地花钱、有效地挣钱，家长们也可以试着告诉孩子一些基础的金融知识，带着他们做一些简单的投资。现在有许多家长为孩子开立银行账户、投资基金，甚至是购买股票，但却忽略了让孩子参与。家长们不妨带上自己的孩子亲自办理一些基础的银行业务，还可以给孩子介绍一些简单的投资知识。譬如带着他们在电脑前查看基金的净值，告诉他们净值涨跌对自己的财富会有什么影响。还可以引导他们关心财经新闻和产业及上市公司信息，在潜移默化中培养孩子对财经和投资的兴趣。

如果父母经常和孩子讨论有关金钱的话题，孩子在长大后便能够更加有效地管理金钱。越是事业有成的人，越会和孩子谈论有关金钱的话题。身为父母，你对孩子进行的理财教育必定会对他们今后的生活产生极大的帮助。不要因为有关金钱的话题比较敏感便刻意不提，或许你认为孩子还小，不懂金钱的意义，但那只是父母单方面的错觉。不管父母有没有对孩子进行有关金钱的教育，孩子都会以他们自己的方式学会"金钱"的知识。父母每天花一点点时间，和孩子坦然聊聊有关金钱的话题，这些点点滴滴的累积，都将在日后成为孩子获得美好生活和稳健财务的基础。

理财圣经 >>>>>>>>

坦率地和孩子谈钱，让孩子明白如何科学地管理金钱，是父母的智慧之举。

第十三章

工薪家庭的理财策略

工薪家庭投资理财 6 种方式

世界上什么类型的家庭最多？答案当然就是工薪家庭。虽然在今天个人创业十分流行，但是那还是少数，大多数家庭成员还是在过着"早出晚归""朝九晚五"的上班族生活。富豪家庭屈指可数，饭不饱食的家庭也寥寥可数，大部分家庭都被归为工薪家庭。

如今，家庭投资理财越来越受到人们的重视，但从现实讲，工薪家庭内部资源有限，家中并没有太多的资产拿来投资，因此并不是所有的投资方式都适合于工薪家庭。

一、储蓄——基础

储蓄是银行通过信用形式，动员和吸收居民的节余货币资金的一种业务。银行吸收储蓄存款以后，再把这些钱以各种方式投入到社会生产过程中去，并取得利润。作为使用储蓄资金的代价，银行必须付给储户利息。因而，对储户来说，参与储蓄不仅支援了国家建设，也使自己节余的货币资金得以增值或保值，成为一种家庭投资行为。银行储蓄被认为是最保险、最稳健的投资工具。这是深受普通居民家庭欢迎的投资行为，也是人们最常使用的一种投资方式。储蓄与其他投资方式比较，具有安全可靠、手续方便、形式灵活，还具有继承性的特点。储蓄投资的最大弱点是，收益比其他投资偏低，但对于侧重于安稳的工薪家庭来说，保值目的可以基本实现。

二、股票——谨慎

将活期存款存入个人股票账户，你可利用这笔钱申购新股。若运气好，中了签，待股票上市后抛出，就可稳赚一笔。即使没有中签，仍有活期利息。如果你的经济状况较好，能承受一定的风险，也可以在股票二级市场上买进股票。但股市风险的不可预测性毕竟存在，高收益对应着高风险，投资股票对心理素质和逻辑思维判断能力的要求较高，工薪家庭要谨慎。

三、债券——重点

债券投资，其风险比股票小、信誉高、利息较高、收益稳定。尤其是国债，有国家信用做担保，市场风险较小，但数量少。国债的流动性亦很强，同样可以提前支取和质押贷款。但企业债券和可转换债券的安全性值得认真推敲，同时，投资债券需要的资金较多，由于投资期限较长，因而抗通货膨胀的能力差，因此，国债对于那些收入不是太高，随时有可能动用存款以应付不时之需的谨慎工薪家庭来说，算是最理想的投资渠道。如果家里有一笔长期不需动用的闲钱，希望能获得更多的利润，但又不敢冒太大风险，可以大胆买进一些企业债券。

四、字画古董——爱好

名人真迹字画是家庭财富中最具潜力的增值品。但将字画作为投资，对于工薪阶层来说较难。目前字画市场赝品越来越多，甚至是像佳士得这样的国外知名拍卖行都不敢保证有些字画的真实性，这给字画投资者带来了一个不可确定因素。古代陶瓷、器皿、青铜铸具以及家具、精致摆设乃至钱币、皇室用品、衣物等均可称为古董，因其年代久远、罕见，具有较高的观赏和收藏价值，增值潜力极大。但是在各地古董市场上，古董赝品的比例高达70%以上，要求投资者具有较高的专业鉴赏水平，不适合一般的工薪家庭投资，因此在选择时要慎重。

五、邮票——轻松

在收藏品种中，集邮普及率最高。从邮票交易发展看，每个市县都很可能成立了至少一个交换、买卖场所。邮票的变现性好，使其比古董字画更易于兑现获利，因此，更具有保值增值的特点，一般具有较高的投资回报率。邮票年册的推出给工薪家庭节省了很多理财时间。但近年来邮票发行量过大，降低了邮票的升值潜力。

六、钱币——细心

钱币，包括纸币、金银币。投资钱币，需要鉴定它们的真伪、年代、铸造区域和珍稀程度，很大程度上有价值的钱币可遇不可求。因此，工薪家庭没有必要花费大量的精力进行此类投资。

理财圣经

>>>>>>>>

面对诸多的家庭理财投资方式，工薪阶层的家庭要看准、选好，尽量预防可能产生的风险。

工薪家庭如何规避理财风险

作为工薪阶层，本来收入不高，存款有限，每个月有限的工资，除去一些开销，剩余的怎样才能收益最大化，工薪阶层应该如何规避理财产品风险呢？

应急备用金不可低于可投资
资产的10%

要进行多渠道的组合投资，不能孤注一掷

不能盲目投资理财

要了解产品

双薪家庭如何理财

"两个人挣的总比一个人挣的多"，随着社会的进步，家庭中女性在外求职已不足为奇。两个人一起为家庭奋斗原本是一件好事，但是多数双薪家庭中很多人却忽略了夫妻二人的收入有高有低，收入的不同有引起家庭内部权力重心转移的可能。

在结婚之后，家庭内部将有两份收入，你必须决定如何处理这两份收入。你可能会说"那还不容易，补贴家用"或是"收入越多，生活就越舒服"之类的话，但实际在生活中并非如此简单。双重收入代表了夫妻双方都有根据自己的想法对家庭经济发表意见的自由，通常分歧越多，问题也越多——要融合两种理财的价值观绝非易事。

刘女士和丈夫结婚快十年了，他们的家庭理财方式一直为邻里津津乐道。作为双薪家庭成员，夫妻两人都有各自的工作和工资账户。像大多数家庭一样，她和丈夫的工资也是有高有低，一开始他们常常为了家里的钱吵架。经过几年的摸索，刘女士总结出了一套有用的双薪家庭理财之道。现在一般家里的日常开支都是由她负责，而家里装修、购买大件家具时就由丈夫负责，孩子上学的费用则由两个人共同负责。

最让他们骄傲的是，经过一段时间的研究，他们专门到银行开了一个联合账户，在里面存了一些两个人都可以使用的钱款，在使用中还增加了两人的家庭责任感。另外他们还各有一个自己的独立账户，如果各自有财务负担，如给各自父母赡养费等，就从自己的独立账户中支出。

多数专家建议夫妻最好保有自己的零用钱，因为这么做，夫妻双

联合账户和独立账户的优缺点

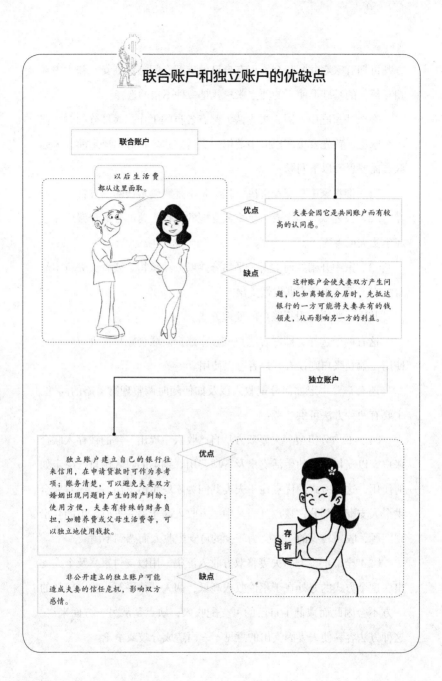

联合账户

以后生活费都从这里面取。

优点 夫妻会因它是共同账户而有较高的认同感。

缺点 这种账户会使夫妻双方产生问题，比如离婚或分居时，先抵达银行的一方可能将夫妻共有的钱领走，从而影响另一方的利益。

独立账户

优点 独立账户建立自己的银行往来信用，在申请贷款时可作为参考项；账务清楚，可以避免夫妻双方婚姻出现问题时产生的财产纠纷；使用方便，夫妻有特殊的财务负担，如赡养费或父母生活费等，可以独立地使用钱款。

缺点 非公开建立的独立账户可能造成夫妻的信任危机，影响双方感情。

存折

方既可拥有家庭共同基金，也有自己的支配空间，像刘女士和丈夫在相互信任的基础上使用的独立账户就是一种不错的选择。

在双薪家庭中，因为夫妻两人都有各自的工作，大部分的时间都不在家里，首先要决定家庭中费用的支付方式。在做出决定前，夫妻双方需要思考以下问题：

（1）谁在家中享有经济决定权，是不是赚较多钱的一方？

（2）夫妻双方是否有可供个人支配的金钱，这部分的金钱应完全属于丈夫或者妻子？

（3）家中开销如何支付，平均分摊或分项负担，或者丈夫负担经常性支出而妻子负责偶发性支出？

其次，要决定银行账户的处理方式。

这有两个选择，即联合账户或独立账户。联合账户夫妻双方均可使用，独立账户则仅有开户者可以使用。

还有，要决定如何分配收入以及如何随时调整理财策略的问题。主要有两种方法可供参考：

（1）平均分担型。夫妻双方从自己收入中提出等额的钱存入联合账户，以支付日常的生活支出及各项费用。剩下的收入则自行决定如何使用，这种方式的优点在于夫妻共同为家庭生活支出后，还有完全供个人支配的部分；缺点是当其中一方收入高于另一方时，可能会出现问题，收入较少的一方会为较少的可支配收入而感到不满。

（2）全部汇集型。夫妻将双方收入汇集，用以支付家庭及个人支出。这个方式的好处在于不论收入高低，两人一律平等，收入较低的一方不会因此而减低了自己的可支配收入；缺点是从另一方面来讲，这种方法容易使夫妻因支出的意见不一而造成分歧或争论。

在很多双薪家庭看来，两份收入会造成一些假象，即总觉得自己的薪水花完后还有别人的，所以可以支付一些额外的花费，结果多一份薪水不仅没有增加收入，反而多了一份负担。遇到这种情况，配偶双方应该彼此控制不良的消费习惯，比如双方定个协议，一定金额以上的支出必须经夫妻双方讨论后再决定。通常的情况是两人在讨论后，发现购买某一物品的急迫性已不复存在，这种讨论还有助于了解彼此对金钱价值的看法。

理财圣经 >>>>>>>>

双薪夫妻最好保有自己的零用钱。通过建立联合账户和独立账户的形式，夫妻双方既可拥有家庭共同基金，也有自己的支配空间。

中低收入工薪家庭如何投资理财

顾名思义，工薪阶层就是主要依靠工资和奖金收入维持生活的阶层。一般而言，工薪阶层每月收入扣除必要的生活开支后的结余不是很多。这类人群要想加速家庭财富的积累，实现人生各个阶段的购房、育儿、养老等理财目标，在安排好家庭的各项开支，进行必要的"节流"的同时，通过合理的投资理财"开源"也尤为重要。

对工薪阶层来说，他们虽然收入来源稳定，但由于总额不高，因此避免因出现意外开支而影响到正常生活的风险是必须考虑的。做一个稳健的投资者，是工薪阶层的最好选择。

首先，工薪阶层需要加强风险防范能力，提高家庭财务安全系数。留足应付日常开支或意外事件的应急资金。一般而言，这笔资金应足够应付三到六个月的家庭开支，形式可以是以银行活期存款或者货币基金、短债基金等流动性极强的金融资产形式存放。

其次，应通过购买相应的人身及财产保险，来避免意外事故对家庭经济产生灾难性后果。

最后，在对每月节余的资金进行投资时，应以稳健为基本原则，不要盲目追求高收益、高回报，因为高收益的背后往往蕴藏着高风险。

（1）对于工薪阶层来说，工作的收入是最主要的收入来源，因此，在投资之前，工薪阶层必须先要做到认真积极地工作，不断学习各项技能，保证工作稳定，收入稳步增长。在这之后才能考虑投资的问题。

（2）由于时间、精力、相关知识掌握及资金等方面的限制，工薪阶层一般不宜直接进行实业投资，可以通过购买相关金融产品进行间接投资。在金融投资品种上，最好不要涉及高风险的期货、股票等投资，可以在相对稳健型投资产品里做选择，如基金、国债或一些银行推出的理财产品。

（3）定期定额购买基金，应该是工薪阶层的一个很好的办法。基金定投是类似于银行零存整取的一种基金理财业务，可以到银行办理。开通基金定投后，银行系统会根据客户指定的基金及申请的扣款金额和投资年限，每月自动扣款购买基金。定期定额进行投资较单笔投资能更有效地降低投资风险。一次性买进，收益固然可能很高，但风险也很大；而定投方式由于规避了投资者对进场时机主观判断的影响，与单笔投资追高杀跌相比，风险明显降低，更适合财富处于积累阶段的普通工薪阶层。而且，定期定额进行投资，可以有助于强制储蓄，培养良好的投资习惯。

理财圣经 >>>>>>>>

对中低收入家庭来说，"开源"和"节流"都同样重要。

教育投资分阶段，步步为营

调查显示，有超过九成的家长希望子女从小接受良好教育，并表示会竭尽全力为孩子的成才进行投入；同时，有半数以上的被调查家庭平均每年的教育消费占全家总收入的30%；有关统计表明，城市家长把孩子从幼儿园培养到大学毕业的累计教育费用是15万元。家庭教育投入的加大，反映了人们教育和消费观念的转变，同时也反映了如今教育费用上涨，家长不得不把子女教育当成家庭的主要开支。

这样，城市中就出现了一道特殊的风景：经济条件稍差些的家长，节衣缩食、精打细算地为孩子积攒教育费用；条件好点的家长，则拼命地赚更多的钱，让孩子上全市、全省一流的学校甚至出国深造。为了孩子，大家都在积极赚钱和攒钱，那么在小孩儿的不同阶段需要怎样选择投资方式呢？一般来说，在我国，孩子从上学到大学毕业，具体投资规划为：

第一阶段：幼儿阶段（出生～6岁）。

从孩子出生到上小学是家庭教育理财的起步阶段，该阶段主要以追求较高的投资收益来作为孩子教育金的储备。父母受到年龄、收入和支出等因素的影响，风险承受能力比较低，可以充分利用时间的优势，以长期投资为主，中短期投资为辅，较高的收益积极类投资产品可以占较高比例，保守型的投资比重比较低。当然风险与收益同在，但要想积累更多的教育基金，承受适度风险必不可少。

这时候基金就是不错的选择，通过挑选合适的产品，借专家之手分享市场经济成果。

第二阶段：小学阶段（6～12岁）。

薛先生和妻子是青岛某公司的普通职员，两人月收入加在一起大概15000元。他们的孩子如今正在上小学五年级。薛先生希望给孩子制定一份教育理财规划，以应付孩子以后可能碰到高学费的教育问题。他们的理财目标是为孩子预备从初中、高中到大学阶段的学费，同时家里的经济状况又不会太窘迫，稍微还能有结余。

该阶段主要以平衡风险、获得稳定收入为主。作为理财阶段的中期，该阶段的投资仍是以增长为主要目标。但可以调整积极型投资产品与保守类投资产品的比重，使其与这一阶段相适应，比如说开始进行定额的教育储蓄，给孩子购买一份教育保险等。像薛先生那样的情况，就可以办理基金定投的业务，同时购买一份商业保险，以应对不可承受的风险。

第三阶段：中学阶段（12～18岁）。

赵女士和先生共同经营一家服装店，先生负责帮忙，赵女士当老板。由于两人的经营思路比较灵活，店铺的效益不错，每月纯利润在1.5万元左右。赵女士的女儿今年上高中二年级，可能受父母的影响，女儿虽然学习成绩一般，但特别具有生意头脑，但赵女士还是希望女儿好好学习，考上大学，因为将来无论是找工作还是做生意，没有文化就没有竞争力。因此，赵女士的女儿两年后上大学的各种开支也提上了家庭的议事日程，同时还要考虑女儿大学毕业后的就业或创业基金。赵女士负担加重，所以她把希望全部寄托在自己的生意上，除了起早贪黑、苦心经营以外，她还把每月的赢利不断投入到生意中，希望自己的赢利像滚雪球一样，越滚越大。除了生意的投资以外，赵女士没有其他的投资和理财项目。

当孩子进入初中和高中时，家长就需要为孩子上大学做准备了。在前面教育储蓄的基础上，逐渐选择一些相对保守的投资方式，在确保教育投资收益逐年累加的同时，尽量把风险降到最低。像赵女士家庭的这种情况，可以选择包括政府债券、货币基金或存款等，父母要能准确计算每年可以动用的教育基金，作为孩子目前上学费用，同时为孩子大学积攒的教育投资也在稳步获益。

为了降低风险，控制金额以调整理财产品组合。一般来说，积极型投资组合侧重于股票型基金和混合型基金，每月定期投资，并分一部分投资债券型基金。到了教育投资后期，在投资方向上应逐渐将投资组合转为稳健型。可转为银行型保本理财产品，降低损失风险。

第四阶段：大学阶段（18～22岁）。

从中国家庭的角度来看，孩子只有毕业找到工作才算是真正独立，孩子在上大学时期的费用还是由家里出。家庭在前面三个阶段的教育投资都在取得收益状态，足以支付孩子的大学花销。在社会竞争如此激烈的今天，家长可以考虑提前为孩子准备一份创业基金。赵女士的女儿具有经商天赋，可以和积攒教育基金一样，每年拿出一定的经营利润，设立创业基金。如果将来女儿毕业后需要自己开店创业，这笔资金会派上大的用场。

无论家庭处于教育投资的哪个阶段，教育理财，越早越好。

理财圣经

>>>>>>>>

理财是一本书，没有实践过的人只是看过一页。有能力的时候，就应该未雨绸缪，早做打算。

教育投资，莫要临时抱佛脚

帕特里克·朗的大儿子瑞安要求在他12岁生日时得到一台割草机作为生日礼物，母亲明智地给他买了一台。到那年夏末，他已靠替人割草赚了400美元。帕特里克·朗建议他用这些钱做点投资，于是他决定购买耐克公司的股票，并因此对股市产生了兴趣，开始阅读报纸的财经版内容。很幸运，购买耐克股票的时机把握得不错，赚了些钱。当瑞安9岁的弟弟看见哥哥在10天内赚了80美元后，也做起了股票买卖。现在，他俩的投资都已升值到1800美元了。

帕特里克的妻子通过一台割草机的投资，使孩子从很小起就开始了投资经营的道路。张爱玲曾说，"出名要趁早"，现在这句话同样适用于家庭教育投资。

如今，孩子的教育费用越来越高，家长积攒子女教育经费的压力陡增。根据有关数字显示，我国城市消费中增长最快的是教育支出。

目前学龄前教育和小学教育花费相对较大，甚至高过大学教育费用，对于年轻的父母来说，负担相对较重。

　　教育理财具有时间长、费用大、弹性小的特点，因而年轻的父母们需要及早动手。如果在孩子一出生，每月平均投入742元，所投资的金融产品或投资组合能实现8%的年收益率的话，到孩子上小学的时候，就可以为其积累10万元的教育资金。如果从孩子一出生，每月平均投入933元，所投资的金融产品或投资组合能实现8%的年收益率的话，持续投资到孩子18岁时，就可以为其积累50万元的教育

长线投资储蓄教育经费带来的好处

　　理财专家指出，为子女安排教育经费计划应越早越好，而储蓄教育经费的关键在长线定时投资，它可以带来以下好处：

要从小给孩子存教育经费。

有足够时间让投资增长，财富增长可随时间复式膨胀。

计划所需金额只占家庭收入的小部分，易于应付。

子女教育计划妥善安排好，部署其他计划（如退休计划）所需资金可更准确、周详。

子女能在没有欠债（低息教育贷款）的情况下完成学业。

教育经费充足，子女可选择的余地更大。

资金。

所以，教育投资也要趁早，莫要临时抱佛脚。

黄先生夫妇皆为公务员，儿子虽然刚满两岁，但他们夫妇就已经开始操心孩子未来的教育计划了。

他们发现，孩子的教育开支是在十多年后的大学阶段才进入高峰期，以他们现在的收入来看，很难负担得起儿子将来到海外读大学的费用。因此，他们正考虑如何为子女储备足够的教育经费。

在中国，子女教育经费计划是整个家庭财务计划中的重要一环。为了确保子女得到最好的教育，像黄先生夫妇那样，提早做好安排无疑是比较明智的选择。这样不但能减轻将来负担，确保子女到时候专心学业，父母的其他个人计划（如退休）也不会因为要应付教育费用而受影响。

对家长而言，除了希望孩子身体健健康康外，最希望的就是尽可能让孩子受到更好的教育，给孩子以后长大成人、参与社会的激烈竞争增添有利的砝码。教育投资是孩子成长费用中的重头戏，父母要及早做好教育投资计划，使孩子在成长的每个关键阶段都有足够的经济支撑，有备无患。

理财圣经　　　　　　　　　　　　　　　　　　>>>>>>>>

出名要趁早，教育投资也是如此。

理财不是"奢侈品"——低收入家庭理财

吴先生一家三口,吴先生每月有2000元收入,妻子每月收入1000元,儿子在读小学。全家3000元的月收入维持日常开支后,每月能节余七八百元,但相当吃力。目前,家庭存款1万多元,除此之外没有其他理财产品。吴先生想知道,像他这样的低收入家庭,怎么进行家庭理财才能节余出更多的"粮食"。

低收入家庭不能只是一味叹息钱少,不够花,而应该巧动心思,学会理财技巧。长期坚持,一样能够攒下数目不小的一笔钱。

一、开源节流,积极攒钱

"巧妇难为无米之炊",要获取家庭投资的"第一桶金",首先要有投资的本钱。这主要靠在家庭里减少固定开支获得,即在不影响生活的前提下减少浪费,尽量压缩购物、娱乐消费等项目的支出,压缩人情消费开支,延缓损耗性开支,实施计划采购等保证每月能节余一部分钱。

二、定时定额或按收入比例将剩余部分存入银行

每月领到工资后第一件要做的事就是去银行存款,即存一个定额(5% ~ 10%)进去,或者根据这个月的开支做一个大概的预算;然后将本月该开支的数目从工资中扣去,剩余的部分存入银行,并养成长期储蓄习惯。

三、善买保险,提高保障

案例中的这个家庭有项亟待解决的问题,就是没有任何保障,风险防范能力低。家庭收入不高,积蓄有限,若遭遇些许不幸,经济上

可能面临重大的考验。相对于高收入家庭，低收入的家庭尤其经不起风险，也最需要保险保障。

因此，低收入家庭在理财时更需要考虑是否以购买保险来提高家庭风险防范能力，转移风险，从而达到摆脱困境的目的。

在金额上保险支出最好不超过家庭总收入的10%，建议低收入家庭选择纯保障或偏保障型产品，以"健康医疗类"保险为主，以意外险为辅助。

对于吴先生一家，比较理想的保险计划是购买重大疾病健康险、意外伤害医疗险和住院费用医疗险套餐。

四、慎重投资，保本为主

对于低收入家庭来说，薪水往往较低，经不住亏损，因此，在投资之前要有心理准备，首先要了解投资与回报的评估，也就是投资回报率。要基本了解不同投资方式的运作，所有的投资方式都会有风险，只不过是大小不同而已，但对于低收入家庭来说，安全性应该是最重要的。喜欢投资什么，或者认为投资什么好，除了看投资对象有无投资价值外，还要看自己的知识和专长。

只有结合自己的知识、专长投资，风险才能得到有效控制。低收入家庭可将剩余部分资金分成若干份，进行必要的投资理财。

理财圣经
>>>>>>>>

只要掌握科学的理财方式，低收入家庭也能"聚沙成塔"。

图书在版编目（CIP）数据

从零开始学理财 / 杨婧主编 . -- 长春 : 吉林文史
出版社 , 2019.3（2024.7 重印）
　ISBN 978-7-5472-5946-7

　Ⅰ.①从… Ⅱ.①杨… Ⅲ.①财务管理—通俗读物
Ⅳ.① TS976.15-49

中国版本图书馆 CIP 数据核字 (2019) 第 028474 号

从零开始学理财
CONGLING KAISHI XUE LICAI

主　　编：杨　婧
责任编辑：孙建军　董　芳
出版发行：吉林文史出版社有限责任公司（长春市福祉大路 5788 号出版集团 A 座）
　　　　　www.jlws.com.cn
印　　刷：三河市新新艺印刷有限公司
版　　次：2019 年 3 月第 1 版　2024 年 7 月第 8 次印刷
开　　本：145mm×210mm　1/32
印　　张：8 印张
字　　数：216 千字
书　　号：ISBN 978-7-5472-5946-7
定　　价：38.00 元